中国石化建设工程项目档案验收指南

《中国石化建设工程项目档案验收指南》编委会　编著

中国石化出版社

·北京·

图书在版编目（CIP）数据

中国石化建设工程项目档案验收指南 /《中国石化建设
工程项目档案验收指南》编委会编著 .—北京：中国石化
出版社，2024.5（2024.6 重印）
ISBN 978-7-5114-7507-7

Ⅰ.①中…　Ⅱ.①中…　Ⅲ.①石油工程 – 技术档案 –
档案管理　Ⅳ.① G275.3

中国国家版本馆 CIP 数据核字（2024）第 083956 号

中国石化出版社出版发行

地址：北京市东城区安定门外大街 58 号
邮编：100011　电话：(010) 57512500
发行部电话：(010) 57512575
http://www.sinopec-press.com
E-mail：press@sinopec.com
北京捷迅佳彩印刷有限公司印刷
全国各地新华书店经销

*

787 毫米 ×1092 毫米　16 开本　13.25 印张　245 千字
2024 年 5 月第 1 版　2024 年 6 月第 2 次印刷
定价：82.00 元

《中国石化建设工程项目档案验收指南》编委会

主　　任：张　钧

副 主 任：钟文标　陈苏麒　黄志华

成　　员：夏献民　张建业　张　鹏　吕海民　张　海

王海涛　焦新亭　康效龙　程庆昭

《中国石化建设工程项目档案验收指南》编写组

组　　长：钟文标

副组长：吕海民　张　海

成　　员：刘华萍　黄　琥　赵传玉　凌贵峰　王海涛

孟宪波　张　波　姜志超　侯朝晖　魏晓宇

齐　雪　吴天军　孔令国　陈福林　姚晓燕

伞　辉　刘风玲　万佳梅　陈爱华　徐立功

周晓君　郗　红　陈华娟　顾　军　洪　雁

徐　兵　曲　悦

前言

PREFACE

2023年是中国石化成立40周年，石化系统广大档案工作者深入学习贯彻习近平新时代中国特色社会主义思想和党的二十大精神，以及习近平总书记对档案工作的重要指示批示精神，全面贯彻新发展理念，服务构建新发展格局，坚决扛稳"打造具有强大战略支撑力、强大民生保障力、强大精神感召力的中国石化"这一新使命，贯彻落实"四个坚持"兴企方略和"改革、管理、创新、发展"工作方针，紧紧围绕中国石化"一基两翼三新"产业格局，以档案事业高质量发展为主题，全面推进档案治理体系、档案资源体系、档案利用体系、档案安全体系建设，强化档案信息化、科技和人才支撑，提升并充分发挥档案在公司发展中的基础性、战略性地位和作用，为建设世界领先洁净能源化工公司贡献档案力量。

《中国石化档案事业"十四五"发展规划》提出，应推进重点工程建设项目档案资源建设，做到超前管理、过程控制、验收把关，要求编制《中国石化建设工程项目档案验收指南》（简称《指南》），统一验收标准，明确管理责任，确保项目档案完整、准确、系统、规范、安全。为方便项目管理人员、档案工作人员掌握项目管理基本知识，明确项目档案验收的主要内容和标准要求，中国石化综合管理部组织编撰了这本《指南》。本《指南》以国家和中国石化现行的项目档案验收制度、标准为遵循，紧密结合工作实际，认真总结上、中、下游企业和专业板块管理经验，精心梳理项目档案验收工作内容，较为全面地介绍了项目档案验收工作的具体要求、程序、标准和方法，力求做到符合中国石化建设工程项目档案管理实际，具有一定的指导性和操作性，使读者学有所依、用有所据。

希望项目管理人员、档案工作人员用好这本《指南》，不断提高项目档案工作质量和工作效率，推进档案验收工作的规范运行，为实现中国石化建设工程项目档案工作高质量发展作出应有的贡献。

本书在编写中引用了国家、行业档案验收工作的相关规章制度、标准规范，参考吸收借鉴了有关专家、同仁建设工程项目管理及项目档案管理的工作经验，在此特致谢意。

由于水平有限，本《指南》不足之处，尚希指正。

CONTENTS

上篇　管理篇

下篇 实务篇

管理篇

GUANLIPIAN

✔上篇

第一章
综述

第一节　中国石化建设项目概况

变废为宝，国内首个百万吨级CCUS项目全面建成；战略布局，中原储气库群勇挑华北地区调峰保供重任；自主研发，国内直径最大27万方LNG储罐机械完工；渤海湾畔，海上平台展装备实力；广袤荒漠，光伏"蓝板"释放清洁能源；辽阔草原，"大风车"高高矗立蔚为壮观……今天的中国石化，始终心怀"国之大者"，以高度的责任感、使命感，以大格局、高站位，推动建设项目蓬勃兴起，基建速度、质量不断提升跃变，为中国经济快速发展和社会长期稳定提供了重要支撑。

一、统筹推进重点项目，厚植发展新势能

中国石化坚持服务党和国家发展大局，全力推动重点工程项目建设，发挥国有企业的重大作用，勇当稳定国民经济的"顶梁柱"，保障国家能源安全的"压舱石"，国家战略科技力量的"引领者"。

我国首个百万吨级CCUS项目——"齐鲁石化–胜利油田百万吨级CCUS项目"于2022年8月正式注气运行。时隔不到一年，与之配套的国内首条百万吨输送规模、百公里输送距离、百公斤输送压力的高压常温密相二氧化碳输送管道投运，实现二氧化碳安全便捷、高效绿色运输。该CCUS项目是我国目前最大的碳捕集、利用与封存全产业链示范基地，对产业发展具有良好的示范效应，为实现碳达峰、碳中和目标发挥了积极的推进作用。

我国最大的LNG储罐——青岛液化天然气（LNG）接收站27万立方米储罐，于2023年8月建成完工。青岛液化天然气（LNG）接收站是中国石化第一座LNG接收站，也是山东省目前唯一在用的液化天然气接收终端。项目所建储罐直径100.6米、高55米，历时25个月安全平稳完成建设任务。建设过程中，中国石化项目团队自主研发27万立方米全容式

3

LNG储罐成套技术，创新研制省部级工法5项，采用自主知识产权专利技术17项，顺利攻克多项建设难题，为国内超大型LNG储罐建设提供了经验借鉴。项目建成投产后，青岛LNG接收站年供气能力165亿立方米，年接卸周转能力1100万吨，可满足9000万户家庭1年的用气需求，成功加入千万吨级LNG接收站系列。

国家天然气产供储销体系建设的重要民生工程和能源保供项目——天津LNG接收站二期工程项目于2020年7月开工，该站国内首座"双泊位"LNG码头于2021年12月建成投用。项目全面完工后，该站存储能力174亿立方米，极大地提升了华北地区及周边区域天然气供应能力和应急调峰能力，为京津冀地区天然气稳定供应提供了坚实保障。

东方风来满眼春。天津LNG、山东LNG、广东华瀛LNG、广西LNG等一大批LNG项目的陆续投用，扛起保障区域经济发展的重任，对缓解中国能源供需矛盾、优化能源结构起到了重要作用。

地下储气库被誉为天然气"地下银行"，是集季节调峰、事故应急供气、国家能源战略储备等功能于一体的能源基础性设施。文96储气库是中国石化第一座地下储气库，也是国家"十三五"重点工程及国家发改委产供储销体系建设重点项目。该储气库位于河南濮阳，地处华北平原中心，北连天津LNG接收站和鄂安沧管道，西通华北大牛地气田和榆济管道，东接青岛LNG接收站和山东管网，可为京、津、冀、鲁、豫、晋等省（市）提供最大3000万立方米/日的采气能力。文96储气库于2012年9月6日投产运行，荣获集团公司优质工程奖。

到"十四五"末，中原地区将建成百亿立方米中原储气库群，形成卫城储气库、文留北储气库、文留南储气库、黄河南储气库、普光储气库区等5大储气库区。届时，在广袤的中原大地上，星罗棋布的储气库和四通八达的长输管网连接汇聚，不仅担负起区域调峰保供、应对华北"气荒"的重任，还将为京津冀地区、雄安新区、黄河流域生态环境保护与高质量发展提供安全、绿色、低碳的能源保障，成为华北地区"国家级地下储气库调峰中心"。

与此同时，中国石化东北地区首座储气库——孤西储气库，中国石化首座盐穴储气库——金坛储气库，国内最深盐穴储气库——江汉盐穴天然气储气库等项目建设稳步推进，为扩大天然气储备规模、有效提升储气调峰能力提供了坚实保障。

大力发展煤化工产业是国家能源和化工安全大战略的一部分。辛勤耕耘十余载，中国石化在煤化工领域迎来重大突破。2017年，全球最大煤制烯烃项目——鄂尔多斯煤炭深加工示范项目投入商业运营，中国石化是运营方中天合创能源有限责任公司的最大股东之一。2019年，由中国石化与大型国有能源企业合资设立的中安联合煤化工一体化项目建成投产，该项目是安徽省最大的煤化工项目。

目前，中国石化在宁夏、内蒙古、安徽、贵州、新疆等地多有煤化工项目布局，力争在煤炭资源清洁转化和高效利用领域走在世界前列，使煤化工业务成为中国未来重要的经济增长点之一。

二、战略布局新能源项目，形成多能互补格局

能源是工业的粮食、国民经济的命脉。"十四五"期间，中国石化大力发展新能源业务，重点拓展氢能作为其新能源发展的主要方向，全力打造全球领先的清洁能源化工企业。

全球最大的光伏制氢项目——中国石化新疆库车绿氢示范项目于2023年8月建成投产，标志着我国绿氢规模化工业应用实现零的突破。项目产出的绿氢将替代原有的天然气制氢，全部用于炼油生产加氢，实现炼油产品绿色化，每年减少二氧化碳排放48.5万吨。布局内蒙古的鄂尔多斯风光融合绿氢示范项目、乌兰察布市大规模绿电制绿氢项目，均通过建立风光发电-绿电制氢-氢气管输-炼化与交通用氢的一体化氢产业发展模式，实现氢能产业制、储、输、用全产业链示范布局。尤其是鄂尔多斯风光融合绿氢示范项目进一步拓展了我国乃至全球的绿氢产能，是目前全球最大的绿氢耦合煤化工项目，将推进我国能源产业转型升级。

中国石化还在包头、漳州、海南等地建设了一批绿氢重大项目，与传统的炼化耦合，为交通出行提供绿氢资源。随着全国范围内多个氢能项目陆续落地，中国石化的氢能布局渐成气候。

为攻克长距离氢气运输成本高、效率低的瓶颈，中国石化开建"西氢东送"管道，项目于2023年开工，全长400多千米，是我国首条跨省区、大规模、长距离的纯氢输送管道。4月10日，"西氢东送"输氢管道示范工程被纳入《石油天然气"全国一张网"建设实施方案》，标志着我国氢气长距离输送管道进入新发展阶段。

冬季清洁取暖，一边连着百姓温暖，一边事关蓝天白云。中国石化一马当先，成为中国地热产业发展的领军企业。2009年，成功打造地热能开发利用"雄县模式"。2017年，在雄县建成我国首个供暖地热城。2021年，"雄县地热"入选全球推广项目名录。目前，中国石化地热服务已辐射北京、河北、河南等11个省市的60多个县区，建成地热供暖能力8000多万平方米，减排二氧化碳420万吨/年，为打赢蓝天保卫战、实现绿色低碳发展贡献了央企力量。

三、加快炼化转型升级步伐，打造一流绿色产业基地

中国石化围绕石化原料多元化，推动基础化工原料向高端精细化学品和化工新材料延

伸发展，加快"炼化一体化"重点项目建设，促进石油化工产业集群发展。

福建古雷炼化一体化项目是全国七大石化产业基地之一古雷石化基地的龙头项目，一期工程于2017年12月开工建设，2021年8月建成投产，主要包括乙烯裂解等9套化工装置，以及配套的公用工程、码头及储运设施等，年产乙烯百万吨。二期项目目前在建。

古雷石化基地是我国大陆唯一的台湾石化产业园区，是推动两岸融合的重要桥头堡和试验田。作为海峡两岸最大的石化产业合作项目，古雷炼化一体化项目正式投入商业运营，对于优化国家炼化产业布局、延伸完善两岸石化产业链、促进海峡两岸石化产业融合发展有着重要意义和深远影响。

天津南港乙烯项目是国家"十四五"重点工程，项目以120万吨/年乙烯装置为"龙头"，配套建设高密度聚乙烯、线性低密度聚乙烯等生产装置13套、主单元64个。项目以中国石化在津同步设立的研发中心为技术支撑，突出"专精特新"，瞄准补短板、锻长板、填空白，生产高端化、差异化新材料，是一个典型的创新驱动型高端产业集群。到"十四五"末，下游将形成千亿级的产业生态圈。

海南100万吨/年乙烯及炼油改扩建工程项目是国家石化产业规划的重点项目之一，更是中国石化推进"两个三年、两个十年"发展战略，打造世界一流能源化工公司的支撑项目。项目建成投产后，将直接拉动规模超1000亿元的下游产业，成为海南未来发展的新引擎。

"十四五"期间，还有中科炼化二期项目、洛阳百万吨乙烯项目、塔河炼化百万吨乙烯项目、岳阳炼化1500万吨/年炼油和150万吨/年乙烯项目、石家庄炼化绿色转型发展项目等一批大型炼化一体化项目计划投产，中国石化将致力于实现传统炼化的蜕变。

四、规范项目档案管理，服务工程建设提质增效

项目档案是项目建设全过程的真实记录，是项目质量精益求精的内在表现。中国石化各级项目管理人员、业务人员和专兼职档案工作者，树立"管工程必须管档案"的理念，围绕"建精品工程、创一流档案"的目标，将项目档案工作作为项目管理的重要组成部分，融入项目管理，并与项目管理同步开展。

为高质量做好档案工作，中国石化综合管理部建立健全档案管理体制机制，成立各级档案工作领导小组，对项目档案管理进行总体策划、源头控制和全面协调，建立了覆盖所有参与部门、单位的强矩阵式档案管理架构，形成了符合项目特点、界面清晰、职责明确、层级分明的档案管理体系。将档案管理贯穿项目管理全过程，制定档案管理的管控目标与策略，明确翔实的工程文件材料归档范围和关键里程碑节点，保证文件材料整理归档与项目建设同步规划、同时实施、协同推进。结合项目工作实际，制

发《建设工程项目档案管理规范》（Q/SH 0704）、《中国石化建设项目档案验收细则》
（JZGSH-B0111-23-075-2021-3）、《中国石化档案管理实务手册》等制度规范和参考书
籍，使项目档案管理有章可循、有据可依、规范有序、科学高效。

中国石化将持续落实习近平总书记关于做好新时代档案工作的重要指示批示精神，将
项目档案记录好、留存好、保管好、利用好，推动档案工作步入科学化、规范化、制度
化、智能化轨道，为保障国家能源安全作出新的更大贡献，为提升建设项目质量提供坚实
档案支撑。

第二节　目的与意义

习近平总书记指出，档案工作存史资政育人，是一项利国利民、惠及千秋万代的崇高
事业。在中国石化实施以加快建设世界一流企业为战略牵引，以着力提升战略支撑力、民
生保障力、精神感召力为主要内涵的高质量发展行动背景下，档案作为核心信息资源和独
特历史文化遗产的价值日益凸显，档案工作对企业各项事业的基础性、支撑性作用更加
突出。

建设项目档案是中国石化档案资源体系的重要组成部分，既是建设项目的历史记录，
也是项目投产后运行、维修、管理、改扩建和技改等工作的重要依据。为了加强和规范建
设项目档案管理工作，规范建设项目档案专项验收工作，确保建设项目档案的完整、准
确、系统、规范和安全，中国石化依据国家档案局、国家发展和改革委员会相关要求，下
发了《中国石化建设项目档案验收细则》。

为了进一步明确项目档案验收的主要内容和标准要求，规范项目档案验收程序，促进
项目档案验收工作的制度化、规范化、科学化发展，同时为中国石化档案工作人员提供一
本符合工程项目档案管理实际，具有石化特点，且权威性、指导性、操作性、实用性强的
工程项目档案验收指导用书，总部综合管理部组织部分专家编制了《中国石化建设项目
档案验收指南》（以下简称《指南》）。

《指南》的编制具有重要意义。一是有助于提升项目档案验收的规范性。项目档案涉
及面广，行业（系统）规范标准多，项目新业态、新变化层出不穷，在项目档案验收过程
中，需要加强对验收过程中执行标准的监督和有效管控，确保验收标准尽可能与国家档
案局及行业（系统）现行的规范标准、国家"放管服"改革等要求相适应、相融合、相
协调，同时又要符合石化工程项目档案管理实际，具有中国石化特点。《指南》对项目档
案执行标准、适用范围进行了明确和约束，对验收申请、组织和程序等条款内容进行了

细化和样本化，有助于提升项目档案验收的规范性。二是有助于提升项目档案验收的质量和工作效率。在项目档案验收中，无论是管理层面、标准层面，还是具体操作层面都发现了一些关系项目档案工作和项目档案质量的短板弱项和问题，迫切需要用更加明确的条文解释来进行引导和管控。目前，中国石化项目档案验收在验收标准方面缺乏统一尺度，验收重点和工作方法有待进一步系统梳理和培训指导。《指南》总结了中国石化上中下游各板块管理经验，精心梳理了项目档案验收工作内容，较为全面地介绍了项目档案验收工作的具体要求、程序、步骤、标准和方法，有助于提升项目档案验收的质量和验收专家的工作效率。三是有助于提升项目档案管理水平。项目档案验收是确保项目档案完整、准确、系统、规范、安全的重要程序。规范项目档案验收，提升项目档案验收水平，可以促进项目档案管理工作高质量发展。

第三节　适用范围

《指南》适应于中国石化各企事业单位、股份公司各分（子）公司建设项目档案的验收工作。中国石化境内独资、合资控股、合作主导建设项目档案验收工作应按照《指南》执行。其他建设项目档案验收工作可参照执行。

《指南》作为中国石化工程项目档案验收指导用书，是项目档案验收专家和各级项目管理人员、业务人员的专用参考书。

第四节　管理制度

项目档案验收工作参考制度主要包括：

（1）《重大建设项目档案验收办法》（档发〔2006〕2号）

（2）《中国石化投资管理办法》（中国石化计〔2020〕300号）

（3）《中国石化工程建设项目竣工验收管理办法》（JZGSH-B1706-22-143-2020-2）

（4）《中国石化建设项目档案验收细则》（JZGSH-B0111-23-075-2021-3）

第二章
验收管理与组织

第一节　管理原则

一、项目档案验收工作实行统一领导、分级管理的原则

《中国石化工程建设项目竣工验收管理办法》规定，工程建设项目竣工验收工作实行分级管理。总部相关部门是工程建设项目竣工验收工作的监督管理主体，建设单位是工程建设项目竣工验收工作的责任主体。总部综合管理部负责组织重点、一类工程建设项目档案验收；负责指导建设单位进行工程建设项目档案验收。建设单位负责项目档案收集、整理、立卷、归档，编制档案移交清册，申请档案验收。

依据以上规定，确定项目档案验收工作实行统一领导、分级管理的原则。总部综合管理部负责中国石化建设项目档案验收工作的统一领导，负责重点、一类工程建设项目档案验收管理工作；建设单位负责二类、三类工程建设项目档案验收管理工作。

总部综合管理部负责中国石化建设项目档案验收工作的指导和监督，负责项目档案验收工作的组织协调、制度标准建设、业务指导、培训、监督检查等工作。中国石化将项目档案验收要求纳入《中国石化工程建设项目竣工验收管理办法》《中国石化工程建设标准》《中国石化档案管理办法》《中国石化档案工作检查评价规定》等制度内容中，制定了《中国石化建设项目档案验收细则》、《建设工程项目档案管理规范》（Q/SH 0704）等制度标准，组建了中国石化建设项目档案验收专家库，定期开展项目档案工作培训，组织专家对建设单位项目档案工作进行业务指导、预验收等工作。

二、项目档案验收是项目竣工验收的重要组成部分，未经档案验收或档案验收不合格的项目，不得进行项目竣工验收

《重大建设项目档案验收办法》明确规定，项目档案验收是项目竣工验收的重要组成

部分。未经档案验收或档案验收不合格的项目，不得进行或通过项目竣工验收。《石油化工建设工程项目竣工验收规定》明确规定，竣工验收程序包括试生产阶段，建设单位应组织生产考核，编制竣工决算，办理竣工决算审计，办理档案验收。竣工验收应具备的条件是完成交工验收、专项验收、生产考核、竣工决算与审计、档案验收工作。

一般来说，档案验收前应完成交工验收、专项验收（包括消防、防雷、职业卫生、安全、环境保护等验收）、生产考核。

此外，列入城建档案管理机构档案接收范围的项目，工程竣工验收前由城建档案管理机构对工程档案进行预验收，竣工验收后3个月内，须完成工程档案正式验收和档案移交工作。天津开发区城建档案馆的建设工程档案归档服务流程见图2-1-1。

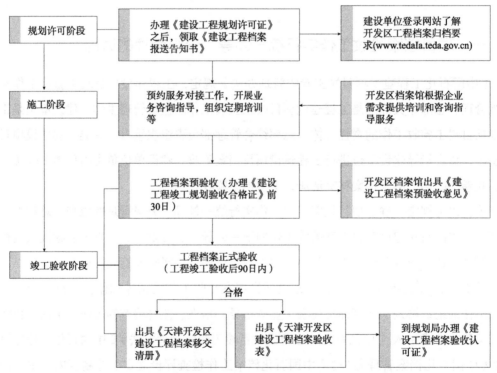

图 2-1-1　天津开发区城建档案馆建设工程档案归档服务流程图

第二节　验收计划

工程项目档案验收计划主要依据工程管理部门项目整体竣工验收计划确定。

一、重点、一类项目档案验收计划

（1）建设单位工程管理部门按照总部工程部要求，定期编制建设项目竣工验收专项工作报表（表2-2-1），确定重点、一类项目档案验收完成时间。一般来说，档案验收要求在项目整体竣工验收3个月前完成。档案验收前应完成生产考核、专项验收（包括消防、防雷、职业卫生、安全、环境保护等验收）。

表 2-2-1　建设项目竣工验收专项工作报表

20XX年建设项目竣工验收专项工作报表

企业名称：××分公司

序号	项目名称	中交时间	投产/投用时间	专项验收完成情况								计划/要求完成竣工验收时间
				完成生产考核或标定（是/否）	环保验收批文时间、文号	安全设施竣工验收批文时间、文号	职业病防护设施验收批文时间、文号	消防竣工验收批文时间、文号	防雷装置验收批文时间、文号	档案验收批文时间、文号	竣工决算审计批文时间、文号	

（2）向总部综合管理部上报档案验收计划。建设单位档案部门根据建设项目竣工验收专项工作中的档案验收时间要求，每年向总部综合管理部上报重点、一类项目档案验收计划表（表2-2-2）。

表 2-2-2　重点、一类项目档案验收计划表

中国石化20××年建设项目档案验收计划表

序号	项目名称	建设单位	验收组织单位	预计验收时间	是否需要国家档案局组织

（3）总部综合管理部根据各单位报送情况，汇编中国石化项目档案验收计划表（表2-2-3），并将需要国家档案局组织验收的项目计划，报国家档案局备案。

表 2-2-3　中国石化项目档案验收计划表

中国石化20××年项目档案验收计划表

序号	企业名称	项目名称	档案验收计划											
			月份											
			1	2	3	4	5	6	7	8	9	10	11	12
1	××××	××××			√									
2	××××	××××							√					
3	××××	××××					√							

（4）总部工程部定期通报重点、一类建设项目竣工验收专项工作进展情况（样式见表2-2-4），推动各项验收工作按计划进行。

表2-2-4　重点、一类项目竣工验收专项工作进展情况明细表

企业简称	项目类别及数量					生产考核		环保验收		安全验收		职业卫生		消防验收		防雷验收		档案验收		竣工决算审计		竣工验收精项	
	总计	2021年之前	验收专项	2021年新增	验收专项	A	B	A	B	A	B	A	B	A	B	A	B	A	B	A	B	A	B
		简称A／完成率		简称B／完成率																			
	3	3／41.67%	0	／		0	0	2	0	3	0	0	0	2	0	1	0	3	0	3	0	3	0
	7	1／75.00%	6	66.67%		0	1	0	0	0	0	0	0	0	0	2	0	1	1	6	1	6	1

（5）国家发展和改革委员会等国家部委及省级核准或备案的建设项目档案验收计划的确定。发展和改革委员会每年会公布经政府核准的固定资产投资项目目录，省市档案局也会给建设单位下发相应的投资项目目录。建设单位档案部门应做好地方档案局提供的投资项目目录与本单位工程管理部门编制的建设项目竣工验收工作报表之间的对应核查工作。列入地方投资项目目录中的项目，档案验收工作一般由中国石化会同地方档案局一起组织，档案验收计划依据中国石化建设项目竣工验收专项工作计划确定。此外，列入地方档案局投资项目目录中的项目，需按照《国家重点建设项目档案管理登记办法》的要求做好登记工作。

二、二类、三类项目档案验收计划

二类、三类项目档案验收计划由建设单位负责，不上报总部综合管理部。档案验收时间依据建设单位工程项目整体竣工验收时间确定。二类项目档案验收材料在通过验收后的7个工作日内，建设单位应报总部综合管理部备案。

第三节　验收组织及验收要求

一、国家重大建设项目档案验收

1. 正式验收

为贯彻《国务院关于投资体制改革的决定》，加强重大建设项目档案管理，规范建设项目档案专项验收工作，国家档案局、国家发展和改革委员会联合制定《重大建设项目档案验收办法》（简称《办法》）。《办法》明确国家重大建设项目档案验收组织单位分为以下4种情形：

（1）国家发展和改革委员会组织验收的项目，由国家档案局组织项目档案的验收。

（2）国家发展和改革委员会委托中央主管部门（含中央管理企业，下同）、省级政府投资主管部门组织验收的项目，由中央主管部门档案机构、省级档案行政管理部门组织项目档案的验收，验收结果报国家档案局备案。

（3）省级及以下各级政府投资主管部门组织验收的项目，由同级档案行政管理部门组织项目档案的验收。

（4）国家档案局对中央主管部门档案机构、省级档案行政管理部门组织的项目档案验收进行监督、指导。项目主管部门、各级档案行政管理部门应加强项目档案验收前的指导和咨询，必要时可组织预检。

属于国家发展和改革委员会等国家部委及省级核准或备案的中国石化建设项目档案验收组织形式，一般分为3种：一是由国家档案局组织验收；二是国家档案局委托中国石化会同项目所在省地方档案局组织验收；三是国家档案局委托项目所在省档案局会同中国石化联合组织验收。

2. 预验收

《办法》第六条第四款规定，国家档案局对中央主管部门档案机构、省级档案行政管理部门组织的项目档案验收进行监督、指导。项目主管部门、各级档案行政管理部门应加强项目档案验收前的指导和咨询，必要时可组织预检。

依据上述规定，中国石化总部综合管理部负责对国家发展和改革委员会等国家部委及省级核准或备案的建设项目组织档案预验收，预验收通过后，提请国家档案局验收。

二、重点、一类项目档案验收

依据《中国石化投资管理办法》，投资项目可划分为固定资产类和资本金融类。按照行业或业务领域细化专业分类，根据各专业投资项目的业务特点、投资金额及权限，可再分别划分为一、二、三类项目。如无特别说明，重点项目是指总投资或权益投资在50亿元及以上的项目。《中国石化建设项目档案验收细则》适应范围为固定资产投资项目。固定资产投资项目的类别划分依据《中国石化投资管理办法》附件"投资项目决策审批权限表"确定。

总部综合管理部负责重点、一类项目档案验收管理工作。验收组织形式分为2种：一是总部综合管理部组织验收；二是总部综合管理部委托建设单位组织自验。重点、一类项目如属于国家发展和改革委员会等国家部委及省级核准或备案的建设项目，其档案验收参照本章节"国家重大建设项目档案验收组织单位"的相关内容进行。

三、二类、三类项目档案验收

建设单位是项目档案管理的责任主体，负责二类、三类项目档案验收管理工作，即二类、三类项目档案验收由建设单位组织。验收按照《中国石化建设项目档案验收细则》执行，其中，二类项目档案验收材料在通过验收后的7个工作日内，建设单位应报总部综合管理部备案，三类项目档案验收可根据各企业实际情况组织开展。

第三章

验收申请与批复

第一节　国家重大建设项目验收申请与批复

1. 验收申请条件

《重大建设项目档案验收办法》第九条规定，申请项目档案验收应具备下列条件：

（1）项目主体工程和辅助设施已按照设计建成，能满足生产或使用的需要。

（2）项目试运行指标考核合格或者达到设计能力。

（3）完成了项目建设全过程文件材料的收集、整理与归档工作。

（4）基本完成了项目档案的分类、组卷、编目等整理工作。

2. 项目档案自检

项目档案验收前，项目建设单位（法人）应组织项目设计、施工、监理等方面负责人以及有关人员，根据档案工作的相关要求，依照《重大建设项目档案验收内容及要求》进行全面自检。

3. 验收申请

国家重大建设项目档案验收应在项目竣工验收3个月之前完成。满足验收申请条件，并完成项目档案自检后，项目建设单位（法人）应向国家档案局报送档案验收申请报告，并填报《重大建设项目档案验收申请表》。

验收申请材料包括请示正文、《重大建设项目档案验收申请表》、验收申请报告。项目档案验收申请报告的主要内容包括：

（1）项目建设及项目档案管理概况。

（2）保证项目档案的完整、准确、系统所采取的控制措施。

（3）项目文件材料的形成、收集、整理与归档情况，竣工图的编制情况及质量状况。

（4）档案在项目建设、管理、试运行中的作用。

（5）存在的问题及解决的措施。

4. 验收批复

国家档案局在收到档案验收申请报告后的10个工作日内作出答复。对于满足验收申请条件的中国石化建设项目，档案验收组织形式一般分为3种，见第二章第二节、第三节。

第二节　重点、一类项目验收申请与批复

1. 验收申请条件

（1）项目主体工程和辅助设施已按照设计建成，能满足生产或使用的需要；生产出合格产品或者项目试运行指标考核合格。

（2）完成项目建设全过程各类文件材料的收集、整理与归档工作。

（3）归档文件材料的分类、排列、编号、组卷、编目等案卷质量符合《科学技术档案案卷构成的一般要求》《建设项目档案管理规范》《建设工程项目档案管理规范》等规范要求。

（4）建设单位已组织对勘察、设计、监理、施工、检测、采购等单位归档文件的完整性、准确性和规范性进行审查，并形成审查意见。

（5）建设单位已组织完成项目全过程文件材料的自检，并形成自检报告。其主要内容包括：建设项目概况；项目档案工作的管理体制；项目文件材料的形成、积累、整理归档工作情况；项目档案的完整性、准确性、系统性、规范性、安全性评价；竣工图的编制情况及质量；项目档案在项目建设、管理、试运行中的作用；存在的问题及解决措施等。

（6）档案保管设施、设备及档案利用符合国家和中国石化的管理规定。

2. 验收申请

档案验收要求在项目整体竣工验收3个月前完成。满足验收申请条件后，建设单位应向总部综合管理部提交档案验收请示。档案验收请示的附件应包含《中国石化建设项目档案验收申请表》及项目自检报告。

3. 验收申请批复

总部综合管理部在收到档案验收申请后的10个工作日内作出回复。对于满足验收申请条件的建设项目，验收组织形式分为2种：一是总部综合管理部组织验收；二是总部综合管理部委托建设单位组织自验。由总部综合管理部组织验收的项目，综合管理部会下发项目档案验收通知；委托建设单位组织自验的项目，综合管理部会下发委托书。

第三节 二类、三类项目验收申请与批复

按照《中国石化建设项目档案验收细则》要求，二类、三类项目档案验收工作由建设单位负责组织。实行档案一级管理的建设单位，二类、三类项目不涉及档案验收请示与批复环节，直接由建设单位下发验收通知后即可开展档案验收工作。实行档案分级管理的建设单位，二类、三类项目档案验收，根据各企业实际情况组织开展，由下属单位按照《中国石化建设项目档案验收细则》要求，向上级档案主管部门提交验收申请。建设单位档案主管部门在收到档案验收申请后的7个工作日内作出回复。

第四章
验收准备

第一节　验收通知

建设单位在获得验收组织单位批复同意项目档案验收后，开展验收准备工作。验收通知由建设单位负责编制和下发。验收通知包括：验收时间、日程安排、验收地点、验收项目名称、与会人员和相关要求等。其中，日程安排可提前与验收组组长沟通确定。

验收会由验收组组长主持，参加人员应包括：验收组成员；建设单位工程管理、投资管理、物资采购、安全环保、生产运行、档案管理等部门有关领导和人员；项目总承包及设计、施工、监理等参建单位的负责人及有关人员。

第二节　（预）验收组的组成

（预）验收组的组成由验收组织单位负责组建，不同类型项目验收组组成要求如下。

1. 国家重大建设项目

国家重大建设项目档案验收组的组成应符合下列规定：

（1）国家档案局组织的项目档案验收，验收组由国家档案局、中央主管部门、项目所在地省级档案行政管理部门等单位组成。

（2）中央主管部门档案机构组织的项目档案验收，验收组由中央主管部门档案机构及项目所在地省级档案行政管理部门等单位组成。

（3）省级及省以下各级档案行政管理部门组织的项目档案验收，由档案行政管理部门、项目主管部门等单位组成。

（4）凡在城市规划区范围内建设的项目，验收组成员包括项目所在地的城建档案接收单位。

（5）项目档案验收组人数为不少于5人的单数，组长由验收组织单位的人员担任。必要时可邀请有关专业人员加入验收组。

2. 重点、一类项目

总部综合管理部负责重点、一类项目档案验收管理工作；负责对国家发展和改革委员会等国家部委及省级核准或备案的建设项目组织档案预验收。（预）验收组组成满足下列要求：

（1）验收组织单位须组成项目档案验收组，重点项目验收组人数为5~9人，一类项目验收组人数为3~7人。

（2）验收组成员由验收组织单位确定，一般由档案管理、工程管理等方面专业人员组成，也可邀请系统外档案管理专家、属地档案行政管理部门人员参加。验收组成员构成示例：验收组成员由5人组成，一般包括档案管理人员3人、工程管理部门或工程管理部门指定人员1人、质量监督站1人。

（3）总部综合管理部应建立项目档案验收专家库，项目档案验收中的档案管理专家从专家库中抽取。

3. 二类、三类项目

建设单位负责二类、三类项目档案验收管理工作，负责组建二类、三类项目档案验收组。二类、三类项目档案验收组组成满足下列要求：

（1）验收组织单位须组成项目档案验收组，二类、三类项目验收组人数为3~5人。

（2）验收组成员由验收组织单位确定，一般由档案管理、工程管理等方面专业人员组成，也可邀请系统外档案管理专家、属地档案行政管理部门人员参加。

（3）建设单位应建立项目档案验收人员库，人员库名单报综合管理部备案。二类、三类项目建设单位档案验收专家及审查范围示例见表4-2-1。

表4-2-1　二类、三类项目建设单位档案验收专家及审查范围示例

部　门	姓名	职责及审查范围（含电子文件）
发展规划部	×××	负责立项报批文件、设计基础文件、设计文件、建设工程规划许可文件、相关涉外文件、节能评估文件、规划许可验收文件等的审查；土地房产类文件；参与施工图、竣工图审查
工程部	×××	负责审查本部门、参建单位、监理单位交工技术文件管理人员的职责落实情况；审查项目交工技术文件管理制度的建立及交工技术文件编制方案和细则的制定和落实情况；负责审查项目施工管理性文件、招投标文件、施工文件、监理文件、竣工图
安全环保部	×××	负责安全、环保、职业卫生专项预评价文件及验收文件的审查
企业管理部（法律事务）	×××	负责项目合同文件的完整性、规范性和有效性审查
设备部	×××	负责项目防雷评价审核文件、设备文件的审查

部 门	姓名	职责及审查范围（含电子文件）
物资采购中心	×××	负责设备监造文件、设备采购涉外文件、设备（锅炉、起重机械、塔、容器、反应器、冷换设备、动设备、成套设备等具有特定设备位号的设备）出厂资料的准确性、完整性、齐全性及案卷整理规范性审查
生产部	×××	负责生产技术准备、试生产文件的审查
消防支队	×××	负责消防审核、消防验收文件的审查
运行部门	×××	参与设备文件完整性审查；参与竣工图的审查
档案管理中心	×××	负责项目阶段性文件归档的完整性、案卷整理的规范性、电子文件格式的规范性、项目档案安全管理的审查和评价；参与审查项目管理部门、参建单位、监理单位对项目交工技术文件管理制度的建立及交工技术文件编制方案和细则的落实情况
质量监督站	×××	参与归档项目文件完整性、准确性、系统性、有效性和规范性的审查

注：

（1）项目档案验收人员由相关部门负责人或专业技术骨干人员组成，可根据工作实际情况动态调整；审查范围和内容由业务部门依据项目实际情况、标准规范要求及部门职责确定。

（2）各部门可根据项目实际情况安排一人或多人负责审查归档项目文件的完整性、准确性、系统性、规范性，具体参照《中国石化建设项目档案验收细则》及相关标准规范要求。

（3）归档的项目文件应纸质版和电子版并存，且电子文件应与纸质文件对应相符。

第三节　验收费用

一、验收费用列支渠道

《关于发布2018版〈石油化工工程建设设计概算编制办法〉和〈石油化工工程建设费用定额〉的通知》（中国石化建〔2018〕207号）明确，工程建设管理费用包含工程验收费。项目档案验收是工程专业验收内容之一，项目档案验收费用由建设单位从工程建设管理费用中列支。

二、验收费用类型

在验收会议召开之前，建设单位项目档案验收责任部门需落实项目验收费用。项目档案验收费用主要包括：

（1）差旅费。主要包括验收专家组成员来建设单位现场验收的往返交通费。

（2）会议费。主要包括验收期间使用会议室及会议用品、材料印刷、会标制作等发生的费用。

（3）住宿费。主要包括验收期间专家和会务组人员的住宿费用。

（4）餐费。主要包括验收期间专家、陪检人员等的就餐费用。

三、验收费用列支方式

如果项目档案验收安排在项目竣工决算之前，验收费用按实际发生费用，从工程项目建设管理费中列支；如果项目档案验收安排在项目竣工决算之后，验收责任部门可与工程管理部门、财务部门协商，按照一定比例预留验收费用。

第四节 验收资料准备

一、国家重大建设项目档案验收

1. 建设单位需给验收专家组准备的会议资料

（1）参会人员名单。包括专家组、建设单位和参建单位与会人员。

（2）工程项目建设概况和档案管理情况汇报材料。

（3）监理单位汇报材料。

（4）会议手册。包括日程安排。

以上资料，每位专家各准备一套，一般在验收会议召开前一天提供给验收专家。

2. 建设单位需提前准备的档案验收佐证材料

（1）档案管理规章制度。

（2）档案业务指导（会议、培训、检查、评估、阶段验收等）相关记录。

（3）档案分类编号方案。

（4）档案检索工具（案卷目录、卷内目录等）。

（5）项目划分表。

（6）招投标清单、合同清单、设备清单。

（7）档案编研、利用情况。

（8）档案检查、预验收意见及整改情况等。

二、重点、一类项目档案验收

1. 建设单位需给验收专家组准备的会议资料

（1）参会人员名单。包括专家组、建设单位和参建单位与会人员。

（2）工程项目建设概况和档案管理情况汇报材料。

（3）监理单位汇报材料。

（4）会议手册。包括日程安排。

（5）中国石化建设项目档案验收评分表（每个项目一份，需填写自评得分和自评扣分原因）。

（6）项目档案验收检查记录表（多张空白表）。

以上资料，每位专家各准备一套，一般在验收会议召开前一天提供给验收专家。

除上述资料以外，还需给验收组准备如下会议资料：验收登记表、验收意见（模板）、验收组成员签字表。这部分资料应每个项目准备一套（一般一式两份）。

2. 建设单位需提前准备的档案验收佐证材料

（1）档案管理规章制度。

（2）档案业务指导（会议、培训、检查、评估、阶段验收等）相关记录。

（3）档案分类编号方案。

（4）档案检索工具（案卷目录、卷内目录等）。

（5）项目划分表。

（6）招投标清单、合同清单、设备清单。

（7）档案编研、利用情况。

（8）档案检查、预验收意见及整改情况等。

三、二类、三类项目档案验收

二类、三类项目档案验收需准备的验收资料参照一类项目档案验收所需资料准备。验收资料应每个项目准备一套（一般一式两份）。

第五章
验收议程

第一节　验收组成员预备会

一、任务策划

验收组预备会，时间可安排在正式验收会议召开前半小时，或者验收会议前一天晚上。预备会由验收组组长主持，验收组全体成员参加。

验收组预备会的主要内容是进行工作分工。分工时应关注以下内容：

（1）验收组组长可在验收组内协商，将具体的验收任务分配给验收组成员，确保验收评分表各条款均有人负责检查。一般来说，验收组组长负责第一部分（项目档案管理体制）和第六部分（项目档案安全性）的检查；其他成员按照第二部分（项目档案完整性）条款进行分工。验收组成员在负责检查某一类型档案完整性的同时，也同步负责检查该类型档案的准确性、系统性、规范性。

（2）分配任务时，应考虑项目各阶段档案数量、验收组专家的独立性和能力，以及工程管理专业人员、质量监督专业人员、系统外档案管理专家、属地档案行政管理部门人员的不同作用和职责。一般应安排系统外档案管理专家、属地档案行政管理部门人员检查项目批复与行政许可等相关手续办理、招标情况及合同管理情况等；安排工程管理专业人员、质量监督专业人员重点检查施工文件（含竣工图）、监理文件（含监造文件）的完整性、准确性、系统性、规范性。

（3）预备会除了进行分工以外，组长还需确定反馈讲评人、宣读验收意见人和打分记录人。一般反馈讲评人为一人，各专家检查中发现的问题在专家组讨论会上汇总给讲评人，由讲评人负责在末次会上统一向建设单位反馈。宣读验收意见人一般优先安排属地档案行政管理部门人员或系统外专家，如无上述人员，可安排除组长以外的职务或资历最高的专家。打分记录人一般安排组内计算机操作较熟练的年轻专家。

（4）组长可根据验收进程和出现的变化，临时调整成员分工，保证验收工作质量和效率。

二、准备工作

（1）提前介入。验收组成员应提前熟悉与本次项目施工与质量验收相关的标准规范，进组后及时了解相关情况，认真研读建设单位提供的书面验收材料。有条件的，验收组组长或组长委托的验收组成员可以提前与建设单位相关人员联系，获取相关材料，包括案卷目录、验收申请等，供验收组提前了解相关情况，充分做好验收准备。

（2）明确任务。组长分配任务后，验收组成员应进一步明确验收内容和检查重点。对施工文件（含竣工图）、监理文件（含监造文件）要策划好抽样方案，抽查单位应基本涵盖项目参建的总承包、设计、施工、监理单位，抽查设备应包括主要装置（单元）、压力容器、压力管道、特种设备等，确保检查结果的有效性、代表性、合理性。

第二节　验收会议程

验收会包括首次会、现场检查、末次会。验收会由验收组组长主持。

一、首次会一般议程

（1）介绍验收组成员。

（2）建设单位领导致辞。

（3）播放项目建设情况专题片（如有准备）。

（4）建设单位汇报项目建设概况和档案管理情况。一般应提前编制书面材料，汇报时建议采用图文并茂的PPT演示文稿方式。

（5）监理单位（或合同规定的履行项目档案质量审核责任的单位）汇报交工技术文件质量审核和监理文件归档情况，如果项目监理单位比较多，可选择若干主要监理单位负责汇报，其他监理单位提供书面汇报材料。监理单位除了汇报"四控三管一协调"相关内容外，还要重点汇报"三管"中文档管理有关项目交工技术文件质量审核和竣工图审核签署情况，包括监理文件编制、审核和归档情况。

（6）验收组专家质询。

（7）对末次会议进行初步安排。

（8）对专家组分工进行简要说明，确定检查人和迎检人。

二、现场检查主要流程

验收组成员根据分工，依据《中国石化建设项目档案验收评分表》的验收内容进行档案实体抽查和现场查验。检查内容包括项目文件及项目档案管理体制，以及项目档案的完整性、准确性、系统性、规范性、安全性。具体检查标准和要求详见本指南《下篇实务篇》。

《中国石化建设项目档案验收评分表》填写注意事项：

（1）《中国石化建设项目档案验收评分表》按照单个项目进行填写，每个项目填写一份（一式两套）。

（2）项目名称。按照《中国石化建设项目档案验收申请表》中的"项目名称"填写。

（3）自评得分和实评得分。填写得分分值，不要填写扣分分值。

（4）扣分原因。填写扣分的原因，其中，实评得分的扣分原因尽量写清楚扣分点及扣分案例，避免直接粘贴"评分细则"中的评分点。因《中国石化建设项目档案验收评分表》会留给建设单位一份，扣分原因应填写清楚，以便于建设单位对照扣分原因进行整改。

（5）记录人。记录人需手写签名。

（6）日期。填写项目档案验收的结束日期。

（7）《中国石化建设项目档案验收评分表》填写内容除"记录人"采用手写签名以外，其余内容建议使用计算机编制，字体、字号全文保持一致。

抽查档案的数量应不少于100卷，一般按以下比例抽查：项目档案数量超过5000卷（含）的，抽查5%；项目档案数量超过1000卷（含）、不足5000卷的，抽查5%~10%；项目档案数量在1000卷以下的抽查20%~30%。

验收组成员对照《中国石化建设项目档案验收评分表》进行逐项检查评价，并形成项目档案验收检查记录。

项目档案验收检查记录既是专家评价打分的依据，也是专家留给建设单位的材料之一，可便于建设单位整改相关问题。

召开验收组专家讨论会，汇总项目档案验收情况，进行评价打分。验收组专家讨论会，由验收组组长主持，一般单个项目需要安排至少一个小时，多个项目同时验收时需增加讨论时间。专家讨论会需要完成的工作包括：

（1）完成评价打分。评价打分时应对单个项目单独评价和打分，由专家组按照分工，对照《中国石化建设项目档案验收评分表》，逐条款进行打分。

（2）形成验收意见。验收意见按照单个项目单独编制，前期可参照样本编制初稿，经全体验收组成员讨论修改后，形成验收意见定稿，在末次会上进行宣读。

（3）形成反馈讲评意见。反馈讲评人结合评价打分过程中，各专家组反馈的问题，梳理汇总形成反馈讲评意见。

（4）定稿验收材料，包括验收意见、验收组成员签字表、验收登记表、《中国石化建设项目档案验收评分表》。上述材料经专家组讨论后定稿，并在末次会上进行签字，一般签署一式两套。

三、末次会一般议程

（1）验收组专家讲评，向建设单位反馈现场检查情况。专家讲评时，由反馈讲评人负责统一向建设单位反馈现场检查情况，讲评时一般按照施工单位、监理单位、设计单位、建设单位相关职能部门等顺序进行问题反馈。讲评时可汇总出共性问题，同时讲明个性问题。如果同一类型的参建单位较多，讲评时应按标段或按单位讲清楚问题点。如果多个项目一起验收，讲评时宜分项目、分单位类型进行问题反馈。

（2）宣布项目档案验收意见。验收意见按照单个项目进行编制、签字，如果多个项目一起验收，宣读验收意见时宜合并为一个意见宣读。

（3）现场验收组成员签字，组长签署验收意见和验收登记表。如果末次会时间比较紧张，该环节可安排在末次会结束以后进行。

（4）验收组组长讲话。组长讲话一般包括以下内容：一是介绍项目档案验收的总体要求；二是描述本次验收的整体体会，总结建设单位项目档案工作的亮点；三是提出提升项目档案管理工作水平的建议和意见。

（5）建设单位领导表态发言。

第六章
验收结果与问题整改

第一节　国家重大建设项目档案验收结果与问题整改

　　国家重大建设项目档案验收以验收组织单位召集验收会议的形式进行。项目档案验收结果分为合格与不合格。项目档案验收组半数以上成员同意通过验收的为合格。

　　项目档案验收合格的项目，由项目档案验收组出具项目档案验收意见。项目档案验收意见的主要有以下内容：一是项目建设概况；二是项目档案管理情况，包括：项目档案工作的基础管理工作情况，项目文件材料的形成、收集、整理与归档情况，竣工图的编制情况及质量，档案的种类、数量，档案的完整性、准确性、系统性及安全性评价，档案验收的结论性意见；三是存在问题、整改要求与建议。

　　项目档案验收不合格的项目，由项目档案验收组提出整改意见，要求项目建设单位（法人）于项目竣工验收前对存在的问题限期整改，并进行复查。复查后仍不合格的，不得进行竣工验收，并由项目档案验收组提请有关部门对项目建设单位（法人）通报批评。造成档案损失的，应依法追究有关单位及人员的责任。

第二节　重点、一类项目档案验收结果与问题整改

　　重点、一类项目档案验收宜采取召开档案验收会的形式组织。验收采取评分制，由验收组成员对照《中国石化建设项目档案验收评分表》进行逐项检查评价打分。验收结果分为三档：90分（含）以上为优秀，75分（含）~90分（不含）为合格，75分以下为不合格。同时规定，评分表中有四个方面之一出现问题，将按照验收不合格处理。这四个方面是：一是项目档案管理体制方面，扣7分及以上；二是竣工图完整性方面，扣8分及以上；三是竣工验收文件完整性方面，扣5分及以上；四是项目档案内容准确性方面，扣5分及以上。

验收合格的项目，建设单位应及时将验收意见（附件11）、验收组成员签字表（附件12）、验收评分表和验收登记表（附件13）报送集团公司综合管理部。综合管理部在验收登记表上签署意见并加盖公章后，由综合管理部和建设单位分别存档。验收会议文件及记录由建设单位存档。上述材料一般按照一个项目一式两份原件编制，综合管理部和建设单位档案部门分别存档。如果多个项目同时验收，验收意见、验收组成员签字表、验收评分表和验收登记表须按照每个项目单独编制。

验收合格的项目，建设单位工程管理相关部门按验收组要求落实问题整改，形成整改报告，签章后交建设单位档案部门存档备查。

验收不合格的项目，由验收组提出整改意见和复验日期。复验仍不合格的，由集团公司综合管理部反馈给集团公司工程部，建设单位重新申请验收。

第三节　二类、三类项目档案验收结果与问题整改

二类、三类项目档案验收由建设单位组织，验收结果与问题整改参照一类项目档案验收管理要求。

二类项目在通过验收的7个工作日内，建设单位应将验收意见、验收组成员签字表、验收评分表和验收登记表等验收材料报集团公司综合管理部备案，同时向本单位档案部门归档。

二类项目验收登记表填写时需注意以下事项：

（1）"编号"栏填写建设单位项目档案验收登记表编号。

（2）"组织单位"栏填写建设单位。

（3）"审批意见"栏由建设单位负责盖章。

实务篇

SHIWUPIAN

✓下篇

第七章
项目档案管理体制检查

"项目档案管理体制"包括8个单项：项目档案管理部门、职责、网络，项目档案分管领导，项目档案管理人员，经费投入，纳入合同管理，职能部门和各参建单位履职，项目档案管理制度，项目档案工作与项目建设同步，共计10分（表7-1）。本大项扣7分及以上的，按验收不合格处理，即验收组不对整个项目进行评价打分，不出具验收意见，仅列出问题整改清单，建设单位整改完成后再申请复验。

表 7-1　项目档案管理体制检查评分表

编号	验收内容	标准分	评分细则
1	项目档案管理体制	10	本大项扣7分及以上的，按验收不合格处理
1.1	明确项目档案管理部门和职责，建立项目档案管理网络		（1）建设单位未明确项目档案管理部门和职责，扣1分；职责不落实，扣0.5分 （2）未建立项目档案管理网络，扣1分；网络覆盖不全，扣0.2分/单位
1.2	明确项目档案分管领导		（1）项目管理部门未明确分管领导，扣0.5分；职责不落实，扣0.2分 （2）总承包、施工、设计、监理单位未明确分管领导，扣0.5分；职责不落实，扣0.2分
1.3	明确项目档案管理人员	10	（1）建设单位档案部门未明确专兼职人员负责项目档案管理工作，扣0.5分；职责不落实，扣0.2分 （2）建设单位相关部门、项目管理部门未明确专人负责项目文件编制、审核和移交归档工作，扣0.5分；职责不落实，扣0.2分 （3）参建单位未明确专人负责项目文件编制、审核和移交归档工作，扣0.5分；职责不落实，扣0.2分
1.4	经费投入满足档案工作需要		档案库房建设、设施设备投入、档案数字化及整编等经费投入不足，影响档案工作开展，扣1分
1.5	项目档案工作纳入合同管理		（1）建设单位在与参建单位签订合同、协议时，未设立专门条款，明确规定项目文件归档责任，扣0.5分 （2）监理合同条款未明确监理单位对交工技术文件完整性、准确性的审查责任，扣0.5分

续表

编号	验收内容	标准分	评分细则
1.6	建设单位各职能部门和各参建单位认真履职	10	（1）工程管理部门未组织编制项目文件管理、归档及检查考核制度，扣0.5分；未开展交工技术文件编制工作的指导、培训、审查工作，扣0.5分 （2）建设单位职能部门未落实归档责任，扣1分 （3）工程监理单位未将交工技术文件管理纳入监理管理内容，扣0.5分；未对参建单位编制交工技术文件工作进行指导、培训、检查、考核，扣0.5分 （4）施工（总承包）单位未将交工技术文件管理纳入项目管理内容，未建立内部检查和考核制度，扣1分 （5）档案管理部门未对项目档案进行业务指导，扣1分
1.7	编制项目文件和项目档案管理制度并落实到位		（1）建设单位未制定项目档案管理制度或企业档案管理制度未覆盖项目档案管理内容，扣1分 （2）建设单位无交工技术文件编制方案，扣0.5分 （3）施工（总承包）单位无交工技术文件编制细则，扣0.5分
1.8	项目档案工作与项目建设同步进行		（1）项目资料和项目档案的编制、收集、积累、整理、审查与项目建设进度不一致，扣1分 （2）建设单位未组织档案自检或预验收，扣0.5分

第一节　项目档案管理部门、职责、网络

一、评价标准

"1.1明确项目档案管理部门和职责，建立项目档案管理网络，（表7-1-1）与其他7个单项合计共10分，每个单项扣分上限不超过10分。

表7-1-1　项目档案管理部门、职责、网络检查评分表

编号	验收内容	标准分	评分细则
1.1	明确项目档案管理部门和职责，建立项目档案管理网络		（1）建设单位未明确项目档案管理部门和职责，扣1分；职责不落实，扣0.5分 （2）未建立项目档案管理网络，扣1分；网络覆盖不全，扣0.2分/单位

二、评价指标解读

（1）建设单位未明确项目档案管理部门和职责，扣1分；职责不落实，扣0.5分。

解读：根据《重大建设项目档案验收办法》第五条规定，项目建设单位（法人）应将项目档案工作纳入项目建设管理程序，与项目建设实行同步管理，建立项目档案工作领导责任制和相关人员岗位责任制。依据《建设工程项目档案管理规范》4.2.1建设单位职责

规定，"a）建立健全档案管理体制，明确项目文件收集、整理及档案管理机构，建立项目档案管理网络；b）贯彻执行上级建设项目文件及档案管理要求，建立健全项目文件收集、整理、编制、归档等制度；c）项目档案工作应纳入工程建设计划、项目管理程序文件、合同管理和相关人员岗位职责，与项目建设同步"。

项目开工前，建设单位应建立档案管理体制，设立或明确与项目建设管理相适应的档案管理机构（部门），明确项目文件收集、整理、移交、归档以及归档文件审查的责任主体。检查中，建设单位需提交建设项目档案管理办法或针对某一建设项目制定的文件管理和归档制度规范等。如不能提供上述文件，扣1分。档案管理机构（部门）不能够严格履行档案工作职责，造成文件收集不齐全、整理不规范、归档不及时等问题，扣0.5分。

（2）未建立项目档案管理网络，扣1分；网络覆盖不全，扣0.2分/单位。

解读：建设单位应建立覆盖全面的项目档案管理网络，其中，前期文件、管理文件、施工文件、竣工图、监理文件和竣工验收文件、后评价文件等全部对应相关部门（单位）归档职责，无遗漏现象。检查中，建设单位应提供建设项目档案管理网络图，如不能提供，扣1分。网络覆盖不全，出现应归文件无对应的归档部门（单位），造成文件收集存在盲点，1个部门（单位）扣0.2分。

第二节　项目档案分管领导

一、评价标准

"1.2明确项目档案分管领导"（表7-2-1）与其他7个单项合计共10分，每个单项扣分上限不超过10分。

表 7-2-1　项目档案分管领导检查评分表

编号	验收内容	标准分	评分细则
1.2	明确项目档案分管领导		（1）项目管理部门未明确分管领导，扣0.5分；职责不落实，扣0.2分 （2）总承包、施工、设计、监理单位未明确分管领导，扣0.5分；职责不落实，扣0.2分

二、评价指标解读

（1）项目管理部门未明确分管领导，扣0.5分；职责不落实，扣0.2分。

解读：建设单位或项目管理部门需明确分管档案工作的领导，如不能提供相关文件材料，扣0.5分。档案工作分管领导应不定期听取档案工作汇报，对档案工作进行安排部署。检查中，建设单位或项目管理部门可提供相关通报、检查记录或会议纪要等文件材料，如不能提供，扣0.2分。

（2）总承包、施工、设计、监理单位未明确分管领导，扣0.5分；职责不落实的，扣0.2分。

解读：总承包、施工、设计、监理等参建单位需明确分管档案工作的领导，在人员进场、施工组织设计或监理规划等文件材料中可找到相应内容，如不能提供，扣0.5分。各参建单位档案工作分管领导应不定期听取档案工作汇报，对档案工作进行安排部署。检查中，各单位可提供相关通报、检查记录或会议纪要等文件材料，如不能提供，扣0.2分。

第三节　项目档案管理人员

一、评价标准

"1.3明确项目档案管理人员"（表7-3-1）与其他7个单项合计共10分，每个单项扣分上限不超过10分。

表7-3-1　项目档案管理人员检查评分表

编号	验收内容	标准分	评分细则
1.3	明确项目档案管理人员		（1）建设单位档案部门未明确专兼职人员负责项目档案管理工作，扣0.5分；职责不落实，扣0.2分 （2）建设单位相关部门、项目管理部门未明确专人负责项目文件编制、审核和移交归档工作，扣0.5分；职责不落实，扣0.2分 （3）参建单位未明确专人负责项目文件编制、审核和移交归档工作，扣0.5分；职责不落实，扣0.2分

二、评价指标解读

（1）建设单位档案部门未明确专兼职人员负责项目档案管理工作，扣0.5分；职责不落实，扣0.2分。

解读：建设单位需明确项目档案管理工作专兼职档案人员名单，或设置专兼职项目档案管理岗，并制定工作职责，如不能提供相关文件材料，扣0.5分。专兼职档案人员应不定期对档案工作进行检查指导和督促整改。检查中，建设单位可提供相关通报、检查记录或会议纪要等文件材料，如不能提供，扣0.2分。

（2）建设单位相关部门、项目管理部门未明确专人负责项目文件编制、审核和移交归档工作，扣0.5分；职责不落实，扣0.2分。

解读：建设单位需确保工程管理、物资管理、合同管理、HSE管理、生产运行管理等相关部门有专人负责项目文件编制、审核和移交归档工作。如不能提供上述文件材料，扣0.5分。工程管理部门应不定期对文件形成工作进行检查指导和督促整改。检查中，建设单位应提供相关通报、检查记录或会议纪要等文件材料，如不能提供，扣0.2分。

3.参建单位未明确专人负责项目文件编制、审核和移交归档工作，扣0.5分；职责不落实，扣0.2分。

解读：总承包、施工、设计、监理等参建单位需明确专人负责项目文件编制、审核和移交归档工作，在人员进场、施工组织设计或监理规划等文件材料中可找到相应内容，如不能提供，扣0.5分。各单位应不定期对档案工作进行检查指导和督促整改，如因职责不落实，造成文件收集不齐全、整理不规范、归档不及时等问题，扣0.2分。

第四节　经费投入

一、评价标准

"经费投入满足档案工作需要"（表7-4-1）与其他7个单项合计共10分，每个单项扣分上限不超过10分。

表7-4-1　经费投入检查评分表

编号	验收内容	标准分	评分细则
1.4	经费投入满足档案工作需要		档案库房建设、设施设备投入、档案数字化及整编等经费投入不足，影响档案工作开展，扣1分

二、评价指标解读

档案库房建设、设施设备投入、档案数字化及整编等经费投入不足，影响档案工作开展，扣1分。

解读：建设单位和参建单位应投入满足项目档案工作所需的各项经费，保证档案工作安全有序开展。检查中，建设单位和参建单位可提供相关的方案、请示、批复或会议纪要、合同等文件材料。如因经费投入不足，影响档案工作开展，扣1分。

第五节　纳入合同管理

一、评价标准

"1.5项目档案工作纳入合同管理"（表7-5-1）与其他7个单项合计共10分，每个单项扣分上限不超过10分。

表 7-5-1　纳入合同管理检查评分表

编号	验收内容	标准分	评分细则
1.5	项目档案工作纳入合同管理		（1）建设单位在与参建单位签订合同、协议时，未设立专门条款，明确规定项目文件归档责任，扣0.5分 （2）监理合同条款未明确监理单位对交工技术文件完整性、准确性的审查责任，扣0.5分

二、评价指标解读

（1）建设单位在与参建单位签订合同、协议时，未设立专门条款，明确规定项目文件归档责任，扣0.5分。

解读：根据DA/T 28—2018《建设项目档案管理规范》，建设单位与参建单位签订合同、协议时，应设立专门章节或条款，明确项目文件归档责任，包括项目文件形成的质量要求、归档范围、归档时间、归档套数、整理标准、介质、格式、费用及违约责任等内容。如合同、协议中未提到相关内容，扣0.5分。

（2）监理合同条款未明确监理单位对交工技术文件完整性、准确性的审查责任，扣0.5分。

解读：根据DA/T 28—2018《建设项目档案管理规范》，建设单位与监理单位签订合同时，应设立专门章节或条款，明确监理单位对交工技术文件完整性、准确性、系统性、有效性和规范性的审查责任。如合同中未提到相关内容，扣0.5分。

第六节　职能部门和各参建单位履职

一、评价标准

"1.6建设单位各职能部门和各参建单位认真履职"（表7-6-1）与其他7个单项合计共

10分，每个单项扣分上限不超过10分。

表7-6-1 职能部门和参建单位履职检查评分表

编号	验收内容	标准分	评分细则
1.6	建设单位各职能部门和各参建单位认真履职		（1）工程管理部门未组织编制项目文件管理、归档及检查考核制度，扣0.5分；未开展交工技术文件编制工作的指导、培训、审查工作，扣0.5分 （2）建设单位职能部门未落实归档责任，扣1分 （3）工程监理单位未将交工技术文件管理纳入监理管理内容，扣0.5分；未对参建单位编制交工技术文件工作进行指导、培训、检查、考核，扣0.5分 （4）施工（总承包）单位未将交工技术文件管理纳入项目管理内容，未建立内部检查和考核制度，扣1分 （5）档案部门未对项目档案进行业务指导，扣1分

二、评价指标解读

（1）工程管理部门未组织编制项目文件管理、归档及检查考核制度，扣0.5分；未开展交工技术文件编制工作的指导、培训、审查工作，扣0.5分。

解读：建设单位工程管理部门应组织编制项目文件管理、归档及检查考核制度，如不能提供上述文件，扣0.5分。建设单位工程管理部门应不定期开展交工技术文件编制工作的指导、培训、审查工作，形成培训课件、会议纪要、指导检查记录或通报等文件。如不能提供相关文件材料，扣0.5分。

（2）建设单位职能部门未落实归档责任，扣1分。

解读：建设单位物资管理、合同管理、HSE管理、生产运行管理等各职能部门，应按照制度要求落实归档责任。检查中，发现因职能部门未尽职履责而造成文件收集不齐全完整、整编不规范，扣1分。

（3）工程监理单位未将交工技术文件管理纳入监理管理内容，扣0.5分；未对参建单位编制交工技术文件工作进行指导、培训、检查、考核，扣0.5分。

解读：工程监理单位在编制监理大纲、监理规划或监理实施细则时，应将交工技术文件管理纳入其中，明确监理人员对交工技术文件的管理责任，如相关文件材料都未提及，扣0.5分。监理单位应不定期对参建单位编制交工技术文件工作进行指导、培训、检查、考核，形成培训课件、会议纪要、指导检查记录或通报等文件材料，如不能提供，扣0.5分。

（4）施工（总承包）单位未将交工技术文件管理纳入项目管理内容，未建立内部检查和考核制度，扣1分。

解读：建设项目采取总承包管理模式的，总承包单位在编制项目管理计划或项目实施计划时，应将交工技术文件管理纳入其中，建立内部检查和考核制度，如相关文件材料中未提及，扣1分。建设项目采取"E+P+C"管理模式的，则施工单位在编制施工组织设计时，应将交工技术文件管理纳入其中，建立内部检查和考核制度，如相关文件材料中未提及，扣1分。

（5）档案部门未对项目档案进行业务指导，扣1分。

解读：档案部门应不定期对建设单位和参建单位的项目档案工作进行业务指导，形成培训课件、会议纪要、指导检查记录或通报等文件材料，如不能提供，扣1分。

第七节　项目档案管理制度

一、评价标准

"1.7编制项目文件和项目档案管理制度并落实到位"（表7-7-1）与其他7个单项合计共10分，每个单项扣分上限不超过10分。

表7-7-1　项目档案管理制度检查评分表

编号	验收内容	标准分	评分细则
1.7	编制项目文件和项目档案管理制度并落实到位		（1）建设单位未制定项目档案管理制度或企业档案管理制度未覆盖项目档案管理内容，扣1分 （2）建设单位无交工技术文件编制方案，扣0.5分 （3）施工（总承包）单位无交工技术文件编制细则，扣0.5分

二、评价指标解读

（1）建设单位未制定项目档案管理制度或企业档案管理制度未覆盖项目档案管理内容，扣1分。

解读：建设单位应制定建设项目档案管理制度，或在企业档案管理制度中包含建设项目档案管理的内容，促进项目文件从形成、流转到归档管理的全过程控制。如不能提供相关文件材料，扣1分。

（2）建设单位无交工技术文件编制方案，扣0.5分。

解读：根据SH/T 3503—2017《石油化工建设工程项目交工技术文件规定》总则要求，建设单位应按本标准在合同或相关文件中明确对交工技术文件的要求和管理责任，在项目开工前根据项目特征或具体要求明确交工技术文件编制方案。交工技术文件编制方案包含各参建单位工作职责、编制依据、编制要求、整理要求、质量要求等内容，如不能提供，扣0.5分。

（3）施工（总承包）单位无交工技术文件编制细则，扣0.5分。

解读：根据SH/T 3503—2017《石油化工建设工程项目交工技术文件规定》有关交工技术文件的编制要求，工程项目开工前，参检单位根据项目的具体情况及建设单位的交工技术文件编制方案，制定交工技术文件编制细则。如建设项目采取的是总承包管理模式，则总承包单位应制定交工技术文件编制细则。如建设项目采取的是"E+P+C"管理模式，则施工单位应编制交工技术文件编制细则。交工技术文件编制细则应包含编制目的、适用范围、组卷要求、排列方式、装订方式等内容。如总承包单位或施工单位不能提供交工技术文件编制细则，扣0.5分。

第八节　项目档案工作与项目建设同步

一、评价标准

"1.8项目档案工作与项目建设同步进行"（表7-8-1）与其他7个单项合计共10分，每个单项扣分上限不超过10分。

表7-8-1　项目档案工作与项目建设同步检查评分表

编号	验收内容	标准分	评分细则
1.8	项目档案工作与项目建设同步进行		（1）项目资料和项目档案的编制、收集、积累、整理、审查与项目建设进度不一致，扣1分 （2）建设单位未组织档案自检或预验收，扣0.5分

二、评价指标解读

（1）项目资料和项目档案的编制、收集、积累、整理、审查与项目建设进度不一致，扣1分。

解读：项目资料和项目档案工作应融入项目建设，与项目建设进度保持同步，在项目竣工验收3个月之内，应完成项目档案专项验收，如未能在此时限内完成，扣1分。

（2）建设单位未组织档案自检或预验收的，扣0.5分。

解读：重点及一类、二类建设项目应组织档案预验收，形成预验收请示、预验收专家组签字表、预验收意见等文件材料，如不能提供，扣0.5分。三类建设项目应组织档案自检，形成检查意见等文件材料，如不能提供，扣0.5分。

第八章
项目档案完整性检查

第一节　立项报批文件

一、评价标准

立项报批文件属于项目前期文件，"2.1立项报批文件"（表8-1-1）与"2.2设计基础文件""2.3设计文件""2.4项目管理文件"等4个单项合并计分，共计15分。

表8-1-1　立项报批文件齐全完整性评分表

编号	验收内容	标准分	评分细则
2.1	立项报批文件		（1）立项批复未归档，扣3分 （2）项目任务书、项目建议书、可行性研究报告、项目选址和规划等相关材料未归档，扣0.5分/件 （3）其他文件归档不完整，扣0.2分/件，上限1分

二、评价指标解读

（1）立项批复未归档，扣3分。

解读：立项俗称"路条"，是项目审批单位同意开展该工程项目前期工作的批文。拿到"路条"后，即可委托具有资质的单位完成可行性研究报告等专题报告，然后再报项目审批单位核准。根据《建设工程项目档案管理规范》附录A《建设项目行政许可归档文件参考表》、附录B《中国石化建设工程项目文件材料归档范围参考表Ⅰ》，归档文件材料能反映建设项目从提出、报批、审批全过程的，得满分；项目立项的批复未归档，扣3分。

（2）项目任务书、项目建议书、可行性研究报告、项目选址和规划等相关材料未归档，扣0.5分/件。

解读：根据《建设工程项目档案管理规范》附录B《中国石化建设工程项目文件材料

归档范围参考表Ⅰ》中项目立项阶段所列的归档文件，检查时要结合工程实际，查看归档文件是否完整，比如查看项目建议书、可行性研究报告批复、可行性研究报告请示、可行性研究报告、项目任务书、项目评估（包括借贷承诺评估）、论证文件、项目选址意见书批复与项目选址意见书等是否归档。

通常各单位的工程项目一定会有可行性研究报告批复、可行性研究报告请示和可行性研究报告，而项目建议书、项目任务书等一般产生于重点项目；新建项目一般会有选址意见书，在原址改扩建的项目和安全隐患治理改造等项目，一般不产生选址意见书等相关文件。因此，在检查中要结合项目实际情况，对于已经形成的文件资料，但未归档的，1件扣0.5分。相关批复文件未归档，在第1项扣分，勿重复扣分。

（3）其他文件归档不完整，扣0.2分/件，上限1分。

解读：上述两项未涵盖的报批文件未归档，1件扣0.2分，最高扣至1分。

第二节　设计基础文件

一、评价标准

"2.2设计基础文件"（表8-2-1）与其他3个单项合计共15分。

表8-2-1　设计基础文件齐全完整性评分表

编号	验收内容	标准分	评分细则
2.2	设计基础文件		（1）工程勘察报告等未归档，扣0.5分 （2）其他文件归档不完整，扣0.2分/件

二、评价指标解读

（1）工程勘察报告等未归档，扣0.5分。

解读：根据《建设工程项目档案管理规范》附录B《中国石化建设工程项目文件材料归档范围参考表Ⅰ》中项目设计基础阶段所列的归档文件，检查时要结合工程实际情况，查找归档文件是否完整，比如设计基础文件是否包括：工程勘察报告，地形图，重要岩样及说明，水文设计基础资料，气象设计基础资料，地震设计基础资料，地形、地貌、控制点测量定位记录，建筑物、构筑物观测记录等内容。

以上内容重点检查工程勘察报告是否归档，新址新建项目可以对照上述内容检查是否齐全（有些项目已在工程勘察报告内涵盖），缺一项扣0.5分。旧址新建项目除检查工程勘察报告外，其他资料可以调阅此地址初始档案，看其是否涵盖了此次新建项目地址的基础资料。

（2）其他文件归档不完整，扣0.2分/件。

解读：上述未涵盖的设计基础文件未归档的，每件扣0.2分。比如如果项目附近是文物保护区，应确保有关文物保护的设计基础资料归档。

第三节　设计文件

一、评价标准

"2.3设计文件"（表8-3-1）与其他3个单项合计共15分。

表 8-3-1　设计文件齐全完整性评分表

编号	验收内容	标准分	评分细则
2.3	设计文件		（1）总体设计、基础设计批复未归档，扣3分；请示未归档，扣0.5分 （2）审查材料未归档，扣0.5分；归档不完整，扣0.2分/件 （3）有工艺包但未归档，扣1分

二、评价指标解读

（1）总体设计、基础设计批复未归档，扣3分；请示未归档，扣0.5分。

解读：依据Q/SH 0704—2016《建设工程项目档案管理规范》中附录B《中国石化建设工程项目文件材料归档范围参考表Ⅰ》，检查项目的总体设计、基础设计请示、批复是否齐全。批复未归档，扣3分；请示未归档，扣0.5分。

检查过程中须关注以下事项：

①根据设计文件目录查验设计文件归档是否齐全。总体设计、基础设计的批复未归档，扣3分；请示未归档，扣0.5分。

②如果建设单位明确提出施工图、设计变更文件、询价书须归档，验收时须检查上述文件是否归档完整，不完整扣0.2分/件，上限1分。

③检查过程中经常发现只归档批复而缺少请示文件的情况，应注意请示文件的收集与归档。

④如果批复、请示的原件归档在建设单位管理类档案，未归档在项目档案中，在项目档案中归档了复印件并注明原件存放位置，或是提供了索引目录，则在档案验收时不扣分。

⑤归档的总体设计、基础设计应为最终版，经过签审且加盖设计单位的公章。

⑥根据SHSG-046—2005《工程设计文件签署规定》要求，以下设计文件必须会签：总平面图布置图、管线综合图、装置设备平面布置图、各专业管线及线路平面布置图、设

备（包括容器、换热器、加热炉等）装配图、基础平面图、设备基础平面图和详图、钢筋混凝土构件详图、钢筋混凝土池类构筑物详图、建筑平面图、吊顶平面图、平台及梯子地沟及其他有设计条件关系的构造详图。

（2）审查材料未归档，扣0.5分；归档不完整的，扣0.2分/件。

解读：依据Q/SH 0704—2016《建设工程项目档案管理规范》中附录B《中国石化建设工程项目文件材料归档范围参考表Ⅰ》，应检查审查材料（如总体设计、基础设计审查会通知、纪要、签到表等）是否归档齐全。审查材料未归档，扣0.5分；归档不完整，扣0.2分/件。审查过程中发现容易忽视对审查会的通知、纪要和签到表的原件收集，以及对会议照片、视频等声像档案的归档。

（3）有工艺包但未归档，扣1分。

解读：依据Q/SH 0704—2016《建设工程项目档案管理规范》中附录B《中国石化建设工程项目文件材料归档范围参考表Ⅰ》，检查项目是否有工艺包，如有但未归档，扣1分。

第四节　项目管理文件

一、评价标准

"2.4专项管理、项目土地房产管理、综合管理、合同、招投标、涉外、财务、器材等项目管理文件"（表8-4-1）共计15分。

表8-4-1　项目管理文件齐全完整性评分表

编号	验收内容	标准分	评分细则
2.4	专项管理、项目土地房产管理、综合管理、合同、招投标、涉外、财务、器材等项目管理文件	15	（1）安全、环保、职业卫生、消防、防雷、地震、节能评估等专项预评价、设计报审文件未归档，扣2分/项；批复文件未归档，扣1分/件；其他文件归档不完整，扣0.2分/件 （2）开工审批文件未归档，扣0.5分/件，上限1分 （3）项目土地、房产类文件未归档，扣0.5分/件 （4）项目综合管理文件、管理手册、程序文件、总体统筹计划、各类会议纪要等未归档，扣0.2分/件 （5）合同未归档或合同采用分库保管时不能提供合同档案目录，扣2分；合同归档不完整，扣0.2分/件 （6）招投标文件未归档，扣1分；归档不完整，扣0.2分/件 （7）涉外文件（谈判洽谈文件、出国调研考察材料、外事工作总结等）未归档，扣1分；归档不完整，扣0.2分/件 （8）财务、器材文件未归档，扣0.5分；归档不完整，扣0.2分/件

二、评价指标解读

（1）安全、环保、职业卫生、消防、防雷、地震、节能评估等专项预评价、设计报审文件未归档，扣2分/项；批复文件未归档，扣1分/件；其他文件归档不完整，扣0.2分/件。

解读：重点检查建设项目安全预评价、建设环境影响评价、职业卫生预评价、消防审核、防雷装置审核、地震安全性评价、节能审查等专项管理的报告、请示、批复、设计审查、审核意见、会议材料等是否归档。专项文件每缺1项，扣2分；批复文件每缺1件，扣1分；归档不完整的，每1件扣0.2分。

（2）开工审批文件未归档，扣0.5分/件，上限1分。

解读：依据Q/SH 0704—2016《建设工程项目档案管理规范》中附录B《中国石化建设工程项目文件材料归档范围参考表Ⅰ》，项目管理综合管理，重点检查建设项目工程开工请示、报告、批复、开工/复工报审表等是否归档，每缺1件，扣0.5分，上限为1分。

（3）项目土地、房产类文件未归档，扣0.5分/件。

解读：依据Q/SH 0704—2016《建设工程项目档案管理规范》中附录B《中国石化建设工程项目文件材料归档范围参考表Ⅰ》，项目管理土地房产管理，重点检查建设项目土地证，房产证，征用土地申请、批复，红线图，规划许可，选址意见书及附图，项目核准（备案）通知书，相关协议，等等，每缺1件扣0.5分。

（4）项目综合管理文件、管理手册、程序文件、总体统筹计划、各类会议纪要等未归档，扣0.2分/件。

解读：依据Q/SH 0704—2016《建设工程项目档案管理规范》中附录B《中国石化建设工程项目文件材料归档范围参考表Ⅰ》，项目管理综合管理，重点检查项目部成立通知，项目管理手册，项目程序文件，项目部会议纪要，总体统筹计划及计划请示、批复，计划审查会议材料、纪要等是否归档，每缺1件扣0.2分。

（5）合同未归档或合同采用分库保管时不能提供合同档案目录，扣2分；合同归档不完整，扣0.2分/件。

解读：依据Q/SH 0704—2016《建设工程项目档案管理规范》中附录B《中国石化建设工程项目文件材料归档范围参考表Ⅰ》，项目管理综合管理，重点检查包括勘察、设计、施工、监理、采购、检测、技术咨询、测绘、"三同时"评审监测、外事等各类合同是否齐全，合同正本、会签单、变更补充协议等文件是否完整。合同未归档或合同采用分库保管不能提供合同档案目录，扣2分；缺类或归档不完整，每1件扣0.2分。

（6）招投标文件未归档，扣1分；归档不完整，扣0.2分/件。

解读：依据Q/SH 0704—2016《建设工程项目档案管理规范》中附录B《中国石化建设工程项目文件材料归档范围参考表Ⅰ》，项目管理综合管理，重点检查各类招投标文件是否归档，招标书、评标记录、比价报告、中标通知书等招投标文件是否完整。招投标文件未归档，扣1分；归档不完整，每缺1件扣0.2分。

（7）涉外文件（谈判洽谈文件、出国调研考察材料、外事工作总结等）未归档，扣1分；归档不完整，扣0.2分/件。

解读：依据Q/SH 0704—2016《建设工程项目档案管理规范》中附录B《中国石化建设工程项目文件材料归档范围参考表Ⅰ》，涉外文件，重点检查谈判洽谈记录、纪要、备忘录，谈判协议、议定书，出国调研考察材料，外事工作总结等是否归档。未归档，扣1分；归档不完整，每缺1件扣0.2分。

（8）财务、器材文件未归档，扣0.5分；归档不完整，扣0.2分/件。

解读：依据Q/SH 0704—2016《建设工程项目档案管理规范》中附录B《中国石化建设工程项目文件材料归档范围参考表Ⅰ》，财务、器材管理文件，重点检查固定资产投资计划，交付使用的固定资产、流动资产、无形资产清册、工程预审计报告、预决算报告等是否归档，未归档，扣0.5分；归档不完整，每缺1件扣0.2分。

第五节　施工文件

一、评价标准

"2.5施工文件"（表8-5-1）与2.6监理、监造文件""2.7设备文件"3个单项合计共22分。

表8-5-1　施工文件齐全完整性评分表

编号	验收内容	标准分	评分细则
2.5	施工文件		（1）综合卷或一个以上专业卷未归档，扣9分 （2）单位（单元）工程交工技术文件未归档，扣3分/单位（单元）；分部工程交工技术文件未归档，扣1分/分部 （3）土建专业工序或质量验收记录不完整，扣0.2分/件 （4）工艺管线试压包不全，扣0.5分/包；单线图未归档，扣2分；归档不完整，扣0.2分/件；无可追溯性标识或标识不清楚，扣0.2分/件，上限1分 （5）安装专业工序或质量验收记录不完整，扣0.2分/件 （6）材料质量证明文件不完整，扣0.2分/件，上限3分 （7）检验检测文件归档不完整，扣0.2分/件，上限3分 （8）各类文件附件、图表不完整，扣0.2分/件，上限2分 （9）工程质量验收记录与单位、分部、分项不一致，扣0.2分/件；与检验批记录不对应，扣0.2分/件，上限2分 （10）其他施工文件未归档，扣0.2分/件，上限1分

二、评价指标解读

（1）综合卷或一个以上专业卷未归档，扣9分。

解读：根据SH/T 3503—2017《石油化工建设工程交工技术文件规定》，"6.2.3施工文件可设单项工程综合卷，并按土建工程、设备安装工程、管道安装工程、电气安装工程、仪表安装工程等专业分类组卷。各专业文件较多时，可按单位（单元）工程等组卷""6.2.8土建工程、设备安装工程、管道安装工程、电气安装工程、仪表安装工程等专业施工文件卷可根据文件内容组成一卷或多卷。组成多卷时第一卷宜为专业综合卷……，"相关规范还有DA/T 28—2018《建设项目档案管理规范》"7.3.2.5项目文件组卷。施工技术文件按单位工程、分部工程或装置、阶段、结构、专业组卷"等。应依据标准规范要求检查。

①施工文件齐全完整性检查应先查有无缺项情况，按照建设单位提供的项目划分表入手，对照概算、基础设计等文件，查看项目交工技术总目录或项目案卷目录，核实是否有未实施项目或已实施但未归档的情况。如果存在已实施未归档的，扣9分。项目未实施，有审批单位核准材料，不扣分；无支撑材料，扣9分。

②施工文件一般按单项工程进行综合卷立卷，工程项目较复杂时也可按单位工程进行综合卷立卷，综合卷根据内容的多少可组成1卷或多卷。如果单项工程或单位工程综合卷整体未归档，扣9分；土建工程、设备安装工程、管道安装工程、电气安装工程、仪表安装工程、通信安装工程等专业施工文件如果内容较多，可设专业综合卷，如果专业综合卷整体未归档，扣9分。

③单项工程中土建工程、设备安装工程、管道安装工程、电气安装工程、仪表安装工程、通信安装工程等任意1个专业的交工技术文件未归档，扣9分。

（2）单位（单元）工程交工技术文件未归档，扣3分/单位（单元）；分部工程交工技术文件未归档，扣1分/分部。

解读：按照建设单位或施工单位提供的项目划分表（方案），检查交工技术文件归档情况，如果1个单位（单元）工程的交工技术文件未归档，扣3分；1个分部工程的交工技术文件未归档，扣1分。

①单位（单元）工程交工技术文件的完整性检查。

a.查看项目基础设计及批复文件中批准的项目单位（单元）工程数量和内容以及各子单位（子单元）工程数量和内容，对照项目交工技术总目录或项目案卷目录，检查项目各单位（单元）工程和子单位（子单元）文件归档的完整性。

b.查看项目《单位（子单位）工程划分表》中建设单位给定的项目单位（单元）工程

数量和内容以及各子单位（子单元）工程数量和内容，对照项目交工技术总目录或项目案卷目录检查项目各单位（单元）工程和子单位（子单元）文件归档的完整性。

c.缺少单位（单元）的情况问题多出现在项目新建室外工程（室外设施、附属建筑及室外环境）、对原单位办公楼（或食堂、宿舍等）装饰装修改造、调度指挥中心智能化改造、与项目相邻单位共建工艺设施（装置）、利用空地停车场或楼顶建设光伏发电等项目中。

②分部、分项工程交工技术文件的完整性检查。

a.查看项目《单位工程、分部、分项工程划分表》的内容，是否与质量验收统一标准或验收规范规定的分部、分项工程内容以及名称相一致，检查《单位工程、分部、分项工程划分表》内容的完整性与准确性。

b.按照《单位工程、分部、分项工程划分表》规定的内容，检查各专业工程质量验收卷内容，检查各专业分部工程的数量、每个分部下分项工程和检验批数量。

c.按照《单位工程、分部、分项工程划分表》检查各专业工程施工记录卷，查看各专业分部、分项工程是否都已形成对应的施工记录文件。

d.缺少分部分项的情况问题多出现在土建工程中甲方自采和另签合同部分，如电梯、空调（新风）、建筑装饰装修、信息化集成、智能调度指挥系统等中。

③工程质量验收记录与单位、分部、分项、检验批记录准确性检查。

a.查看各专业工程质量验收卷中的单位工程、子单位工程、分部工程、分项工程名称是否准确，是否与《单位工程、分部、分项工程划分表》给定的名称一致。

b.查看各专业工程质量验收卷中的《检验批质量验收记录》，核对表中检验项目、质量控制记录的内容、名称、编号、数量是否与施工记录卷等各工序报验文件内容、名称、编号、数量一致，检查主控项目和一般项目填写是否准确、规范。

c.查看各专业工程质量验收卷中的《分项工程质量验收记录》，核对表中的检验批数量是否齐全，有无缺失，与分项工程检查记录项数是否一致。

d.查看各专业工程质量验收卷中的《分部工程质量验收记录》，核对表中的分项工程数量是否齐全，有无缺失；与分部工程检查记录项数是否一致。

e.查看各专业工程质量验收卷中的《子单位工程质量验收记录》，核对表中的分部工程数量是否齐全，有无缺失；与子单位工程检查记录项数是否一致。

f.查看各专业工程质量验收卷中的《单位工程质量验收记录》，核对表中的分部工程数量是否齐全，有无缺失；检查单位工程记录项数是否准确。

g.查看各专业工程质量验收卷中的《质量控制记录与技术资料核查记录》，是否按每个分项、分部、子单位和单位工程填写，查看表中各栏目填写是否准确。

h.查看各专业工程质量验收卷中的《工程观感质量验收记录》，查看表中各栏目填写是否准确。

i.查看各专业工程质量验收卷卷内目录及卷内文件的排列顺序,是否按每个单位工程、子单位工程、分部工程、分项工程、检验批进行系统排列,体现卷内文件的系统性和有机联系。卷内文件杜绝按文种排列。

(3)土建专业工序或质量验收记录不完整,扣0.2分/件。

解读:先确定土建专业适用标准,一般多采用所在省(市、自治区)建设行政主管部门的规定,俗称"地标"。按照《单位工程、分部、分项工程划分表》,检查土建专业各工序是否按标准要求形成工序记录等文件,是否按GB 50300《建筑工程施工质量验收统一标准》形成质量验收文件,检查施工记录和质量验收文件是否完整,每1份记录或1份质量验收文件未归档,扣0.2分。

以下为土建专业中的特殊情况:

①根据《石油化工建设工程项目交工技术文件规定》"4.5 土建工程中的钢结构、房屋建筑工程及其附属建筑电气、暖通、建筑智能化等交工技术文件内容,应执行建设工程项目所在地建设行政主管部门的规定,设备基础、构筑物等工程交工技术文件内容执行本标准"要求,检查石油化工建设工程设备基础、构筑物等执行本标准附录C《交工技术文件设备安装工程用表》是否完整。

②当项目采用SY 4200系列进行质量验收时,检查相关施工记录和质量验收文件是否完整。对于建筑面积小于100平方米的建筑工程,可依据SY 4200《石油天然气建设工程施工质量验收规范 通则》"6.6 建筑面积小于100平方米的建筑工程,可按一个分项工程进行检查评定"要求执行。

③有关铁路、公路、港口码头、电信、电站、35kV以上送变电等工程中的土建专业内容应按国家相关标准规定执行。

(4)工艺管线试压包不全,扣0.5分/包;单线图未归档,扣2分;归档不完整,扣0.2分/件;无可追溯性标识或标识不清楚,扣0.2分/件,上限1分。

解读:安装专业的工序或质量验收记录可执行《石油化工建设工程项目交工技术文件规定》《石油天然气建设工程交工技术文件编制规范》《石油化工安装工程施工质量验收统一标准》《石油天然气建设工程施工质量验收规范通则》《建设工程项目档案管理规范》,或企业自行发布的制度和标准。检查时可按照相关规定,并结合工程实际情况,查找记录是否完整,每1项记录未归档,扣0.2分。

①查看管道试压包一览表,抽查是否含有工艺流程图中的所有管线,1个试压包未归档,扣0.5分。

②每个试压包里都有相应的单线图,如果所有试压包里的单线图均未归档,扣2分。

③试压包的内容一般包括流程图、单线图、管道焊接工作记录、管道焊接接头热处理报告、硬度检测报告、金属材料化学成分分析检验报告、管道无损检测结果汇总表、管道无损检测数量统计表、管道系统压力试验条件确认记录、管道系统压力试验记录等，任意1项中的任意1件未归档，比如管道焊接工作记录缺少某1条管道的焊接记录，扣0.2分。

④流程图、单线图和焊缝布置图需有可追溯性标识。流程图要标识走向；单线图和焊缝布置图一般要标识焊缝编号、施焊焊工代号、固定口位置、检测焊缝位置及无损检测种类、返修标识、方向等。图示要清晰，图上要有编制人、审核人的签字。少一项标识或标识不清晰的，每1张图扣0.2分。

注意事项：

①管道安装工程（包括油田集输管道、天然气集输管道及厂/站工艺管道、室外给排水工程）宜按管道工艺流程、管道编号顺序、系统、试压包、安装工序顺序组卷，不能按表格种类组卷，卷名应反映管线所属系统。

②施工单位应按管道编号确认管道焊接接头实际无损检测比例，在管道轴测图、单线图或焊缝布置图上标识焊缝编号、施焊焊工代号、固定口位置、检测焊缝位置及无损检测种类、返修标识，也可在轴测图或单线图空白处集中标识或附表。

③管道安装施工文件宜按试压包组卷，试压包的内容可执行《石油化工建设工程项目交工技术文件规定》。不便于列入试压包的施工文件，可分类汇编组卷。

④不宜按试压包组卷的，可按照施工工序组卷。

（5）安装专业工序或质量验收记录不完整，扣0.2分/件。

解读：检查石油化工建设项目设备安装工程是否执行《石油化工建设工程项目交工技术文件规定》《石油化工安装工程施工质量验收统一标准》《建设工程项目档案管理规范》等标准规范。检查石油天然气建设项目设备安装工程是否执行《建设工程项目档案管理规范》《石油天然气工程施工质量验收统一标准》《石油天然气建设工程交工技术文件编制规范》及SY 4200《石油天然气建设工程施工质量验收规范　通则》等系列标准规范。检查时可按照相关规定，并结合工程实际情况，查找记录是否完整，每1项记录未归档，扣0.2分。

①设备安装工程组卷方式：首先根据设备安装施工方案，按照各类设备安装顺序、设备位号及安装工序顺序组卷，每卷文件可按隐蔽工程记录、设备安装记录、试验记录、安装质量检验记录依次排列。

②设备安装文件检查重点：

a.检查设备文件分类、组卷方式。应按单位、分部、分项顺序组卷，卷内文件应按设备类型、位号、工序组卷。

b.检查设备安装文件归档是否齐全。检查设备总数及其对应安装文件的对应性。重点检查监造设备、特种设备、再用设备。

c.检查单台设备安装文件内容是否齐全。结合施工方案，检查设备开箱、基础复测、设备安装、垫铁隐蔽、检测试验、内件安装、隐蔽验收、单机试车和联动试车等工序形成的记录是否已归档。重点检查监造设备、特种设备、再用设备；同步检查文件有没有采用系统性编号。

d.检查设备安装质量验收记录归档是否齐全。与工程划分方案对比，查看归档记录是否存在遗漏。

e.锅炉、压力容器、压力管道、起重机械、电梯等特种设备安装工程的交工技术文件内容除执行本标准外，还应执行特种设备安全技术监察机构的相关规定。

f.设备安装质量验收记录准确性检查常见方法，可以将设备安装分项质量验收记录数据与施工单位设备安装工程卷交工技术文件说明中工程量、监理总结中设备安装统计数据进行对照，是否一致。

③电气安装工程解读：

电气安装工程的工序或质量验收可执行《石油化工建设工程项目交工技术文件规定》《石油化工建设工程项目施工过程技术文件规定》《石油化工安装工程施工质量验收统一标准》《建设工程项目档案管理规范》等标准规范，或企业自行发布的制度和标准。检查时可按照相关规定，并结合工程实际情况，查找记录是否完整，每1项记录未归档，扣0.2分。

检查电气安装工程安装检验（质量验收）记录、隐蔽工程记录及接地电阻测量记录等是否按照单位工程、分部工程、分项工程顺序整理，按供配电系统设备、系统位号及安装工序顺序组卷，每卷文件可按隐蔽工程记录、电气设备安装记录、试验记录、安装质量检验记录进行排列。

④仪表安装工程解读：

仪表安装工程的工序或质量验收可执行《石油化工建设工程项目交工技术文件规定》《石油化工建设工程项目施工过程技术文件规定》《石油化工安装工程施工质量验收统一标准》《建设工程项目档案管理规范》等标准规范，或企业自行发布的制度和标准。检查时可按照相关规定，并结合工程实际情况，查找记录是否完整，每1项记录未归档，扣0.2分。

检查仪表安装工程中的调试记录、安装检验记录是否按照单位工程、分部工程、分项工程顺序整理，按控制、检测回路位号顺序组卷，或仪表控制系统安装文件单独组卷。

（6）材料质量证明文件不完整，扣0.2分/件，上限3分。

解读：材料质量证明文件一般按单项或单位工程组材料质量证明卷，主要包括水泥、沙、石、外加剂、掺合料、商品混凝土、防水材料、防火材料、防腐涂料、钢构件、管件、钢材、预制桩、钢桩、焊条、焊剂、电缆、光缆等的合格证、质量证明书、检验报告、试验报告、复试报告、性能检测报告等。依据设计、施工文件等，抽查材料质量证明文件，任意1种材料的质量证明文件未归档或归档内容不齐全，扣0.2分，最高扣至3分。

（7）检验检测文件归档不完整，扣0.2分/件，上限3分。

解读：很多原材料（如水泥、碎石、沙、砖、钢筋、各种土、各种管材、沥青等）都需要提供有资质的实验室出具的检验检测文件。任意1种原材料的检验检测文件中有任意1件未归档，扣0.2分，最高扣至3分。

常见问题：

①桩基。

主要包括：静载实验、高应变检测、低应变检测、钻芯法等。

②土建工程。

a.钢筋出厂合格证、检验报告（生产厂家）、检测报告（见证委托）钢筋接头检测报告，高强度螺栓检测报告。

b.混凝土出厂合格证，混凝土抗压检测报告（见证委托），混凝土抗渗检测报告，沙、碎石检测报告，环刀检测报告（见证委托），灌浆料检测报告，防火涂料检验报告，防火涂料检测报告（见证委托），防火涂料耐火极限检测报告（见证委托），油漆检验报告，油漆检测报告（见证委托）。

③工艺管线、设备。

a.阀门检验报告，安全阀离线校验报告

b.黏土质隔热耐火砖产品合格证及检测报告。

（8）各类文件附件、图表不完整，扣0.2分/件，上限2分。

解读：在DA/T 28—2018《建设项目档案管理规范》中规定："4.5项目档案应完整、准确、系统、规范和安全，满足项目建设、管理、监督、运行和维护等活动在证据、责任和信息等方面的需要。""7.3.2.5项目文件组卷。卷内文件一般正文在前，附件在后；文字在前，图样在后。"在DA/T 22—2015《归档文件整理规则》中规定："5.1.1归档文件一般以每份文件为一件。正文、附件为一件；报表、名册、图册等一册（本）为一件（作为文件附件时除外）。"

检查各类文件时，对于各类文件正文中所提到的应附带的附件、图表等内容，要确保其附件、图表的齐全、完整、准确。对于项目文件正文中明确应有的附件、图表等相关文件收集不完整的，扣0.2分/件，上限2分。

①检查文件的正文之后、落款之前是否显示有附件（含图表），如果有附件，则按照附件的顺序号确定件数，每1件未归档，扣0.2分，最高扣至2分。

②图表方面主要检查各个专业的图纸是否缺失，可对照目录查图号，每1张图纸未归档，扣0.2分；检查图表的编制、设计、校对、审核等签署情况，每1张图纸签署不齐全，扣0.2分。最高扣至2分。

（9）工程质量验收记录与单位、分部、分项不一致，扣0.2分/件；与检验批记录不对应，扣0.2分/件，上限2分。

解读：按照建设单位或施工单位提供的项目划分表（方案），检查质量验收记录与单位、分部、分项工程的划分是否一致，如果出现不一致现象，每1件扣0.2分，最高扣至2分。比如：每台整体安装的容器设备宜划分为1个分项工程，如果质量验收记录显示2台，但项目划分表中只有1个分项，则确定为不一致，项目划分表扣0.2分。

按照建设单位或施工单位提供的项目划分表（方案），检查质量验收记录与检验批记录是否对应，如果出现划分表缺失，扣0.2分；如果是检验批记录缺失，每1个检验批扣0.2分。

（10）其他施工文件未归档，扣0.2分/件，上限1分。

解读：上述9项中未涵盖的施工文件未归档，每1件扣0.2分，最高扣至1分。比如缺少1项专项施工方案、缺少1个工程设计变更单、缺少1道工序记录等，每1件或每1项扣0.2分；缺少项目经理、合格焊工等人员的证明材料，每1人扣0.2分。

第六节　监理、监造文件

一、评价标准

"2.6监理、监造文件"（表8-6-1）与其他2个单项合计共22分。

表8-6-1　监理、监造文件齐全完整性评分表

编号	验收内容	标准分	评分细则
2.6	监理、监造文件		（1）综合卷或文件卷未归档，扣3分；监造文件未归档，扣0.5分/台，上限1.5分 （2）监理各类会议纪要归档不完整，扣0.2分/件，上限0.5分 （3）监理大纲、监理规划、监理实施细则、监理日志、监理月报、监理工作总结、旁站记录、平行检验记录文件、见证取样记录归档不完整，扣0.2分/件，上限1分 （4）工程验收、设备材料进场、分包单位资格、人员资质审查文件归档不完整，扣0.2分/件，上限0.5分 （5）工程开工复工、质量与进度控制等文件归档不完整，扣0.2分/件，上限0.5分 （6）监理通知单、回复单、监理工作联系单归档不完整，扣0.2分/件，上限0.5分 （7）设备监造计划、日志、周报（月报）、总结、报告、放行单等归档不完整，扣0.2分/件 （8）其他文件未归档，扣0.2分/件，上限0.5分

二、评价指标解读

（1）综合卷或文件卷未归档，扣3分；监造文件未归档，扣0.5分/台，上限1.5分。

解读：根据GB/T 50319—2013《建设工程监理规范》"监理文件资料内容"和SH/T 3903—2017《石油化工建设工程项目监理规范》"监理文件资料管理"有关规定，检查监理综合卷和监理技术卷，若未归档，扣3分；监造文件未归档，按监造设备台数，扣0.5分/台，上限1.5分。

监理综合卷主要包括：

①监理企业资质文件：

a.监理机构成立通知。

b.项目部用印授权书。

c.总监任命书。

d.总监代表授权书。

e.项目监理人员一览表。

f.监理人员资质证书，重点要检查人员的资质及证件有效期。

g.项目监理人员变更一览表。

h.监理人员资质变更报审，重点检查各批次人员进场与离场的衔接报审，查相关人员在交工技术文件上的签署与人员变更时间是否一致。

i.监理计量器具校准文件，检查计量器具有效期。

②监理策划类文件：

a.监理规划及交底记录、交底签到表。

b.HSE监理细则及交底记录、交底签到表。

c.旁站监理细则及交底记录、交底签到表。

d.平行检验监理细则及交底记录、交底签到表。

e.见证取样监理细则及交底记录、交底签到表。

f.各专业监理细则及交底记录、交底签到表。

③工程开工报告。

④工程中间交接证书。

⑤工程交工证书。

⑥工程质量评估报告，检查质量评估报告封面格式及签署是否完备。

⑦监理总结，检查质量评估报告封面格式及签署是否完备，检查报告内容与监理文件的内容、数量是否一致，等等。

⑧交工技术文件审查意见单。

⑨报验汇总表，检查与施工单位交工技术文件报审内容是否一致。

⑩监理文件移交证书及移交清单。

监造文件，主要包括：

①设备制造合同及委托监理合同。

②设备监造规划。

③设备制造的生产计划和工艺方案。

④设备制造的检验计划和检验要求。

⑤分包单位资格报审表。

⑥原材料、零配件等的质量证明文件和检验报告。

⑦开工/复工报审表、暂停令。

⑧检验记录及试验报告。

⑨大型机组出厂前的试车记录。

⑩报验申请表。

⑪设计变更文件。

⑫会议纪要、来往文件。

⑬监理工程师通知单、联系单。

⑭监理日志。

⑮监理月报。

⑯监理报告。

⑰设备出厂放行单。

⑱监理总结。

（2）监理各类会议纪要归档不完整，扣0.2分/件，上限0.5分。

解读：监理各类会议纪要主要包括：

①第一次工地例会纪要及签到表。

②监理例会纪要及签到表，检查纪要有无断号或缺失。

③专题会议纪要及签到表，检查纪要有无断号或缺失。

④图纸会审纪要及签到表，检查纪要有无断号或缺失。

（3）监理大纲、监理规划、监理实施细则、监理日志、监理月报、监理工作总结、旁站记录、平行检验记录文件、见证取样记录归档不完整，扣0.2分/件，上限1分。

解读：相关文件主要包括：

①旁站记录，抽查记录内容与交工技术文件内容是否相符。

②平行检验记录，抽查记录内容与交工技术文件内容是否相符。

③见证取样记录、台账。

④监理月报。

⑤监理日志（各专业监理日志、总监理日志），检查各专业的监理日志日期是否连续，抽查记录内容是否真实，与其他文件是否相互对应，检查监理对监理日志的审核签署情况，等等。

⑥往来函件。

⑦监理指令类文件。

a.工程施工暂停令及复工令。

b.监理通知单及回复单，检查监理通知单及回复单是否对应、是否连续、有无缺失。

c.监理联系单，检查监理联系单是否连续、有无缺失。

⑧监理审批类：

工程款支付文件，检查各施工单位申报的各批次工程款文件是否齐全。

⑨监理声像文件：

检查声像文件的数量、内容是否覆盖全面，说明编制情况是否完整齐备，照片文件是否编制3503—J134表，"六要素"是否填写完整齐全，等等，录音录像电子文件的格式、像素、著录是否规范、是否组卷。

第七节　设备文件

一、评价标准

"2.7设备文件"（表8-7-1）与其他2个单项合计共22分。

表 8-7-1　设备文件齐全完整性评分表

编号	验收内容	标准分	评分细则
2.7	设备文件		（1）动静设备文件未归档，扣0.5分/台（套） （2）特种设备文件未归档，扣1分/台（套） （3）电仪主要设备文件未归档，扣0.2分/台（套） （4）安全阀门、特种工艺阀门设备文件未归档，扣0.2分/台（套） （5）其他设备文件未归档，扣0.2分/台（套） （6）台（套）内文件归档不完整的，扣0.2分/件

二、评价指标解读

（1）根据Q/SH 0704—2016《建设工程项目档案管理规范》中附录B《中国石化建设

工程项目文件材料归档范围参考表Ⅰ》，在项目档案验收时，应重点检查设备文件归档齐全性。检查依据有设计文件、采购合同及设备台账等文件。动、静设备文件未归档，每台（套）扣0.5分；特种设备（包括锅炉、压力容器、起重机械等）文件未归，每台（套）扣1分；电仪主要设备文件未归档，每台（套）扣0.2分；安全阀门、特种工艺阀门设备文件未归档，每台（套）扣0.2分；其他设备文件未归档，每台（套）扣0.2分；台（套）内文件归档不完整，扣0.2分/件。

（2）大型套（组）设备除检查主设备是否归档，还要重点检查单独出厂的驱动设备、附属设备、受压元件及部件等质量证明文件是否归档，检查依据有设计文件、装箱单、总图等文件。大型套（组）设备的附属设备可能由附属设备制造厂商直接发货，随机资料也由制造厂商独立制作，且主设备随机资料中并未明确附属设备相关信息。此种情况下，易忽略附属设备文件的收集。附属设备未归档，扣0.2分/台（套）。

（3）根据DA/T 28—2018《建设项目档案管理规范》附录B.1中规定，设备台（套）内文件一般部分或全部包括以下内容："工艺设计、说明、规程、试验、技术报告；自制专用设备任务书、设计、检测、鉴定；设备设计文件、出厂验收、商检、海关文件；设备及材料装箱单、开箱记录、工具单、备品备件单；设备台账、备品备件目录、设备图纸、设备制造检验检测及出厂试验报告、产品质量合格证明、安装及使用说明、维护保养手册；设备制造探伤、检测、测试、鉴定记录、报告；设备变更、索赔文件；设备质保书、验收及移交文件；特种设备生产安装维修许可、监督检验证明、安全监察文件等。"在项目档案验收时，通常动、静、电、仪设备应参照上述内容以及技术协议等文件检查设备台（套）内文件是否齐全，存在内容缺失的每份文件扣0.2分。

（4）根据TSG 11—2020《锅炉安全技术规程》规定："4.6.1产品出厂时，锅炉制造单位应当提供与安全有关的技术资料，资料至少包括以下内容：①锅炉图样（包括总图、安装图和主要受压元件图）；②受压元件的强度计算书或者计算结果汇总表；③安全阀排放量的计算书或计算结果汇总表；④热力计算书或者计算结果汇总表；⑤烟风阻力计算书或者计算结果汇总表；⑥锅炉质量证明书，包括产品合格证（含锅炉产品数据表）、金属材料质量证明、焊接质量证明和水（耐）压试验证明等；⑦锅炉安装和使用说明书；⑧受压元件与设计文件不符的变更材料；⑨热水锅炉的水流程图及水动力计算书或者计算结果汇总表（自然循环的锅壳式锅炉除外）；⑩有机热载体锅炉的介质流程图和液膜温度计算书或计算结果汇总表；⑪产品合格证上应当有检验责任工程师、质量保证工程师签章和产品质量检验专用章（或单位公章）。""4.6.2对于A级锅炉，除满足本规程4.6.1有关要求外，还应当提供以下技术资料：①过热器、再热器壁温计算书或计算结果汇总表；②热膨胀系统图；③高压以上锅炉水循环（含汽水阻力）计算书或计算结果汇总表；④高压以上锅炉汽水系统图；⑤高压以上锅炉各项安全保护装置整定值。"项目档案验收时，锅炉台（套）内文件至少包含上述内容以及技术协议要求提供的其他文件，每缺失1份文件，扣0.2分。

（5）根据TSG 21—2016《固定式压力容器安全技术监察规程》规定："4.1.5压力容器出厂或者竣工时，制造单位应当向使用单位至少提供以下技术文件和资料，并且同时提供存储压力容器产品合格证、产品质量证明文件电子文档的光盘或者其他电子存储介质：①竣工图样，竣工图样上应当有设计单位设计专用章（复印章无效，批量生产的压力容器除外），并加盖竣工图章（竣工图章上要标注制造单位名称、制造许可证编号、审核人的签字和"竣工图"字样）；如果制造中发生了材料代用、无损检测方法改变、加工尺寸变更等，制造单位按照设计单位书面批准文件的要求在竣工图样上作出清晰标注，标注处应有修改人的签字及修改日期。②压力容器产品合格证（含产品数据表）和产品质量证明文件；质量证明文件包括材料清单、主要受压元件材料质量证明书、质量计划、外观及几何尺寸检验报告、焊接（粘接）记录、无损检测报告、热处理报告及自动记录曲线、耐压试验报告及泄漏试验报告、产品铭牌的拓印件或复印件等；真空绝热压力容器，还应包括封口真空度、真空夹层泄漏率、静态蒸发率等检测结果。③《特种设备监督检验证书》（适用于实施监督检验的产品）。④设计单位提供的压力容器设计文件。其中，简单压力容器只需提供竣工图复印件、产品合格证和《特种设备监督检验证书》。在项目档案验收时，固定式压力容器台（套）内文件至少包含上述内容以及技术协议要求提供的其他文件，每缺失1份文件，扣0.2分。

（6）根据TSG R0005—2016《移动式压力容器安全技术监察规程》规定："4.1.3移动式压力容器出厂时，制造单位至少向移动式压力容器使用单位提供以下技术文件和资料：①竣工图样（总图和罐体图），竣工图样上应当有设计单位设计专用章（复印章无效，批量生产的压力容器除外），并加盖竣工图章（竣工图章上要标注制造单位名称、制造许可证编号、审核人的签字和"竣工图"字样）；如果制造中发生了材料代用、无损检测方法改变、加工尺寸变更等，制造单位必须按照设计单位书面批准文件的要求在竣工图样上作出清晰标注，标注处应有修改人的签字及修改日期。②产品合格证（含产品数据表）、产品质量证明文件（罐体包括主要受压元件材料质量证明文件和材料单、质量计划或者检验计划、结构尺寸检查报告、焊接记录、无损检测报告、热处理报告及自动记录曲线、耐压试验报告及泄漏试验报告等）和产品铭牌的拓印件或复印件等。③特种设备制造监督检验证书。④强度计算书。⑤应力分析报告（需要时）。⑥安全泄放量、安全阀排量和爆破片泄放面积的计算书。⑦产品使用说明书和风险评估报告。⑧安全附件、装卸附件的产品质量证明文件。⑨受压元件（封头、锻件等）为外购或者外协件时的产品质量证明文件。⑩其他必要的产品证明文件。"在项目档案验收时，移动式压力容器台（套）内文件至少包含上述内容以及技术协议要求提供的其他文件，每缺失1份文件，扣0.2分。

（7）根据TSG 51—2023《起重机械安全技术规程》规定："3.5起重机械制造或改造后出厂时，制造或改造单位应当向使用单位提供以下文件和资料：①特种设备生产许可证（盖章的复印件）；②设计图样，至少包括总图、主要受力结构件图、主要部件图、控制系统原理图以及安装需要的其他图纸；③安装及使用维护保养说明；④整机和安全保护装置型式试验证明（按照覆盖原则提供盖章的复印件）；⑤改造的监督检验证明；⑥产品质量合格证明。"在项目档案验收时，起重机械台（套）内文件至少包含上述内容以及技术协议要求提供的其他文件，每缺失1份文件，扣0.2分。

（8）设备文件收集时需确保技术协议中约定的资料100%归档，但因技术协议与设备文件归档的不同时、不对应等原因，在档案收集整编中易忽略此部分文件的收集审核，每缺失1份文件，扣0.2分。

第八节　竣工图

一、评价标准

"2.8竣工图"（表8-8-1）共10分，本项扣8分及以上，则项目按验收不合格处理，项目档案验收组不对整个项目进行评价打分，不出验收意见，仅提出问题整改清单，建设单位完成问题整改后再申请复验。

表 8-8-1　竣工图齐全完整性评分表

编号	验收内容	标准分	评分细则
2.8	竣工图	10	（1）未编制竣工图，扣10分；部分未编制，扣5分 （2）综合卷未归档，扣3分；图纸总目录未归档，扣0.5分；图纸分目录未归档，扣0.2分/单元，上限2分；专业图纸目录未归档，扣0.2分/专业，上限2分 （3）竣工图设计单元未归档，扣3分/单元；专业未归档，扣2分/专业 （4）竣工图纸归档不全，扣0.5分/张 （5）设计总结未归档，扣1分 （6）设计变更一览表或汇总表未归档，扣1分 （7）其他文件未归档，扣0.2分/件，上限1分 （本项扣8分及以上的，按验收不合格处理）

二、评价指标解读

（1）未编制竣工图，扣10分；部分未编制，扣5分。

解读：

①按照DA/T 28—2018《建设项目档案管理规范》和SH/T 3503—2017《石油化工建设工程项目交工技术文件规定》要求，建设项目需编制竣工图。单项工程全部未编制竣工图，扣10分，按验收不合格处理；部分未编制竣工图，扣5分；设计单元未编制竣工图，扣3分/单元，上限5分；专业未编制竣工图，扣2分/专业，上限5分。

②竣工图编制的判定要求：一是施工图有变更的应重新绘制竣工图，签署栏中的版次号标注为J版（以竣工图"竣"字汉语拼音第一个字母大写"J"为标识）；二是部分施工图无变更的，终版施工图作为竣工图，目录标注为J版；三是按图施工整套设计文件无变更的，终版施工图作为竣工图，目录标注J版作为竣工图，并加以说明；四是竣工图应逐张加盖竣工图章或竣工图审核章并签署。

③竣工图编制要求：一是竣工图应完整、准确、规范、清晰、修改到位，真实反映项目竣工时的实际情况。二竣工图绘制依据为原施工图、已经实施完成的设计变更通知单、工程联络单等工程变更信息。三是竣工图应依据工程技术规范按单位工程、分部工程、专业编制，并配有竣工图编制说明和图纸目录。四是由设计单位编制竣工图的，需要按照SH/T 3503—2017《石油化工建设工程项目交工技术文件规定》第6.1.9条编制竣工图。五是由施工单位编制竣工图的，一般性图纸变更且能在原施工图上修改补充的，可直接在原图上修改，在修改处应注明修改依据文件的名称、编号和条款号，无法用图形、数据表达清楚的，应在图框内用文字说明。六是由施工单位编制竣工图的，有下列情形之一时应重新绘制竣工图：a.涉及结构形式、工艺、平面布置、项目等重大改变；b.图面变更面积超过20%；c.合同约定对所有变更均需重绘或变更面积超过合同约定比例。七是重新绘制竣工图应按原图编号，图幅、比例、字号、字体应与原图一致；图纸设计、校对、审核、审定人员签字真实完整有效。八是用施工图编制竣工图的，应使用新图纸，不得使用复印的白图编制竣工图。

竣工图章加盖及签署要求：一是由设计单位编制竣工图的，应在竣工图编制说明、图纸目录和竣工图上逐张加盖竣工图审核章并签署（图8-8-1）。二是行业要求或合同约定由施工单位编制竣工图的，应在竣工图编制说明、图纸目录和竣工图上逐张加盖竣工图章并签署（图8-8-2）。三是竣工图材料表、设备表、工艺规格表、仪表规格表等文字材料、表格可仅在首页加盖竣工图审核章/竣工图章；管段图（管道轴测图）组卷完成后可仅在索引表及每卷首页加盖竣工图审核章/竣工图章。四是竣工图章、竣工图审核章应使用红色印泥，盖在标题栏附近空白处。五是竣工图章、竣工图审核章中的内容应填写齐全、清楚，应由相关责任人签字，不得代签。六是经建设单位同意，竣工图章、竣工图审核章中相关责任人可加盖执业资格印章以代替签字。七是若是涉外项目，外方提供的竣工图应由外方相关责任人签字确认。

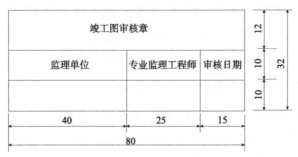

图 8-8-1　竣工图审核章样式（单位：毫米）

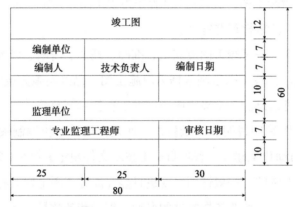

图 8-8-2　竣工图章样式（单位：毫米）

（2）综合卷未归档，扣3分；图纸总目录未归档，扣0.5分；图纸分目录未归档，扣0.2分/单元，上限2分；专业图纸目录未归档，扣0.2分/专业，上限2分。

解读：

①按照SH/T 3503—2017第6.2条和Q/SH 0704—2016附录B的要求，竣工图应组综合卷。检查竣工图综合卷是否归档，未归档扣3分；检查图纸总目录是否归档，未归档扣0.5分；检查图纸分目录是否归档，未归档扣0.2分/单元，上限2分；检查专业图纸目录是否归档，未归档扣0.2分/专业，上限2分。

②按照DA/T 28—2018第7.2.1.4条和Q/SH 0704—2016附录B的要求，竣工图综合卷内容包含但不限于：图纸总目录、图纸分目录、图纸专业目录、竣工图编制说明、各专业设计变更一览表或汇总表、设计变更与竣工图修改对照表（附表1）、设计总结和竣工图移交证书。其中，竣工图编制说明应包含竣工图涉及的工程概况、编制单位、编制人员、编制时间、编制依据、编制方法、变更情况、竣工图张数和套数等。检查图纸总目录是否归档，未归档扣0.5分；检查图纸分目录是否归档，未归档扣0.2分/单元，上限2分；检查专业图纸目录是否归档，未归档扣0.2分/专业，上限2分。

③常见问题处理：

a.竣工图卷没有组卷"综合卷"，但竣工图综合卷中所包含的内容已全部归档，不判定为"未编制综合卷"，可在验收评分表第4.2条款第2点中扣分，即"档案组卷不符合国家、行业标准或企业标准的，扣1分"。

b.竣工图编制了综合卷，但图纸总目录、分目录如果组卷不在综合卷，而在竣工图其他卷内，不判定为"图纸总目录、图纸分目录未归档"，可在验收评分表第4.6条款第4点中扣分，即"卷内文件排序不能反映文件材料的有机联系，扣0.1分/卷，上限1分"。如果图纸专业目录仅组卷到各专业卷，不判定为"图纸专业目录未归档"，也不判定为"组卷不合理"。

（3）竣工图设计单元未归档，扣3分/单元；专业未归档，扣2分/专业。

解读：按照竣工图总目录、分目录，检查竣工图是否存在单元未归档，如未归档扣3分/单元；按照竣工图总目录、分目录、专业目录，检查竣工图是否存在专业未归档，如未归档，扣2分/专业。

（4）竣工图纸归档不全，扣0.5分/张。

解读：按照竣工图总目录、分目录、专业目录，检查竣工图纸归档是否齐全，不齐全扣0.5分/张。

检查竣工图完整性，还需要关注以下内容：

①建设单位应负责组织或委托有资质的单位编制项目总平面图和综合管线竣工图。对于委托多家设计单位的工程项目，注意是否编制了项目总平面图和综合管理竣工图。

②委托厂家设计的竣工图，以厂家提供的竣工图为准，设计单位编制竣工图时应将厂家提供的竣工图统筹考虑，或纳入设计单位编制的竣工图统一编制，或在目录中标明具体出处，保持竣工图的成套性。

③注意非标图的归档。设计单位应提供非标设备的全套图纸，包括零部件图和总装配图。

④注意重复利用图的归档。重复利用图中，利用以前项目的图纸以及本设计院的院标的复用标准图，应编入竣工图并加盖竣工图章。同一建筑物、构筑物重复的标准图、通用图可不编入竣工图中，但应在图纸目录中列出图号，指明该图所在位置并在竣工图编制说明中注明；不同建筑物、构筑物应分别编制竣工图。

⑤仪表专业接线图、回路图需完整准确，DCS组态资料、I/O表需设计单位归档。协商易造成扯皮，反而容易漏归。

（5）设计总结未归档，扣1分。

解读：检查设计总结是否归档，未归档扣1分。设计总结应包含工程概况、机构、合同履行情况、工作成效、重点工程变更及处理情况、工作中发现的问题及处理情况、说明和建议等。

（6）设计变更一览表或汇总表未归档，扣1分。

解读：检查设计变更一览表或汇总表是否归档，未归档扣1分。检查是否编制设计变更一览表或者汇总表，且标注出原图号以便于查找，对照变更单查看是否修改到位。

（7）其他文件未归档，扣0.2分/件，上限1分。

解读：竣工图应归档文件，除上述已明确的归档扣分点以外，其余文件未归档，比如综合卷的竣工图编制说明、竣工图移交证书等未归档，扣0.2分/件，上限1分。

电子版竣工图，可以通过扫描纸质竣工图或通过设计软件转换生成。比如竣工图电子版由设计软件转换生成，设计院应签署承诺书，承诺对所交付电子版竣工图内容、签署以及文件的准确性、完整性、可用性负责，电子版竣工图文件的编制内容与加盖竣工图审核章并由监理单位专业监理工程师签署的纸质版竣工图内容一致。

第九节　科研、信息系统开发文件

一、评价标准

"2.9科研、信息系统开发文件"（表8-9-1）与"2.10生产技术准备、试生产文件""2.11竣工验收文件"3项评价指标合计7分。

表8-9-1　科研、信息系统开发文件齐全完整性评分表

编号	验收内容	标准分	评分细则
2.9	科研、信息系统开发文件	3	（1）科研课题文件未归档，扣0.5分；归档不完整，扣0.2分/件 （2）信息开发文件未归档，扣0.5分；归档不完整，扣0.2分/件

二、评价指标解读

（1）科研文件未归档，扣0.5分；归档不完整，扣0.2分/件。

解读：建设项目中往往包括国产化创新等科研项目，其费用通常列入建设项目投资计划中，故在建设项目归档时应注意做好相关科研文件的归档工作。费用不列入建设项目的，不列入验收评分范围。科研文件需归档文件包括项目协议书、委托书、合同，开题报告、任务书，技术报告、技术鉴定，成果申报、鉴定、审批及推广应用资料，等

等。如果整个科研项目文件都未归档，扣0.5分；科研项目文件有归档，但归档不完整，扣0.2分/件。

（2）信息系统开发文件未归档，扣0.5分；归档不完整，扣0.2分/件。

解读：建设项目中也会包括信息管理系统开发项目，尤其是以建设项目为主体的新建单位，其建设项目中的信息化开发内容很多，更应该注意做好信息系统开发文件的归档工作。信息系统开发项目不仅包括软件开发、安装、调试，有的还包含硬件施工。费用不列入建设项目的，不列入验收评分范围。信息系统开发文件包括立项前期文件、合同及技术附件、详细设计报告、用户需求说明书、变更说明文档及审批记录、系统安装部署手册、安装/调试记录、测试文件、源代码、用户培训文档、安全检测报告、用户使用手册、运行维护手册、试运行通知、验收文件、工作及技术报告等。如果整个信息系统开发文件未归档，扣0.5分；信息系统开发项目文件有归档，但归档不完整，扣0.2分/件。

第十节　生产准备文件

一、评价标准

"2.10生产技术准备、试生产文件"（表8-10-1）与其他2个单项合计7分。

表8-10-1　生产准备文件齐全完整性评分表

编号	验收内容	标准分	评分细则
2.10	生产技术准备、试生产文件		（1）"三查四定"形成的文件，包括会议纪要、尾项汇总表等未归档，扣0.2分/件，上限1分 （2）生产准备工作纲要（方案）、生产准备技术培训材料、安全操作规程、工艺技术规程等文件未归档，扣0.2分/件，上限1分 （3）总体试车方案、工艺流程图、工艺卡片等文件未归档，扣0.2分/件，上限1分 （4）生产考核或标定报告、试生产总结、事故分析报告等未归档，扣0.2分/件，上限1分

二、评价指标解读

（1）"三查四定"文件，包括会议纪要、尾项汇总表等未归档，扣0.2分/件，上限1分。

解读：根据《中国石化建设项目实施管理规定》，工程在中交前，建设单位应组织施工、设计、监理分专业进行"三查四定",并形成汇总表,落实整改措施。一般"三查四定"会议讨论和决定的内容体现在"三查四定"汇总表上,不再单独形成会议纪要;如遇一时难以整改的问题,需同步归档尾项汇总表或相关会议纪要。"三查四定"形成的文件中,重点检查"三查四定"汇总表是否为最终版(包含整改完成情况的),各专业是否完整,缺少的扣0.2分/专业,上限1分。

(2)生产准备工作纲要(方案)、生产准备技术培训材料、安全操作规程、工艺技术规程等文件未归档,扣0.2分/件,上限1分。

(3)总体试车方案、工艺流程图、工艺卡片等文件未归档,扣0.2分/件,上限1分。

(4)生产考核或标定报告、试生产总结、事故分析报告等未归档,扣0.2分/件,上限1分。

解读:根据《中国石化工程建设项目和生产准备与试车管理规定》,结合项目规模、类别以及各企业实际情况,以及文件的保管价值,该阶段重点检查以下文件是否归档,如有未归档的扣0.2分/件,上限3分:

①生产准备工作纲要、总体试车方案及批复(进行过总体设计的项目)。

②试车方案或开停工方案(每个项目)。

③试生产方案(每个生产装置项目,不包括公用工程和系统配套项目)及试生产总结。

④标定(或考核)方案及标定(或考核)报告。

⑤事故处理报告(有发生时)。

⑥其他文件,如生产准备培训材料、生产技术文件(工艺流程图、岗位操作法、工艺卡片、工艺技术规程、各类操作规程、应急预案等)如有电子版归档,可不扣分;纸质、电子文件都未归档的,扣0.1分/件,上限1分。24小时或72小时运行记录的相关数据都已体现在标定(或考核)报告中的,不再要求重复归档。

第十一节 竣工验收文件

一、评价标准

"2.11竣工验收文件"(表8-11-1)与其他2个单项合计7分。竣工验收文件单项扣分达到5分及以上的,按验收不合格处理,项目档案验收组不对整个项目进行评价打分,不出验收意见,仅提出问题整改清单,建设单位完成问题整改后再申请复验。

表 8–11–1　竣工验收文件齐全完整性评分表

编号	验收内容	标准分	评分细则
2.11	竣工验收文件		（1）安全、环保、职业卫生、消防、防雷、审计等专项文件，工作办理完毕未归档，扣2分/项；专项验收（除审计外）工作未完成，扣1分/项 （2）专项验收批复文件未归档，扣1分/件；其他文件归档不完整，扣0.2分/件，上限0.5分/项 （3）项目建设总结及大事记未归档，扣0.5分 （4）质量监督报告、压力管道安装安全质量监督检验报告未归档，扣0.5分/项

二、评价指标解读

（1）安全、环保、职业卫生、消防、防雷、审计等专项文件，工作办理完毕未归档，扣2分/项；专项验收（除审计外）工作未完成，扣1分/项。

解读：根据《石油化工建设工程项目竣工验收规定》竣工验收程序："5.1.1建设工程项目投入试生产前，建设单位应向政府行政主管部门办理消防验收、防雷设施验收、试生产（使用）方案备案、试生产申请等相关手续。5.1.2特种设备投入使用前或者投入使用后30日内，应向特种设备安全监督管理部门办理登记手续。5.1.3装置投料试车产出合格产品并连续运行72小时后，可进行交工验收。且应在投产后三个月内完成。5.1.4试生产阶段，建设单位应进行职业病防护设施、安全设施、环境保护设施等实施效果检测及验收。5.1.5试生产阶段，建设单位应组织生产考核，编制竣工决算，办理竣工决算审计，办理档案验收。"

《中国石化建设项目档案验收细则》对档案验收申请条件规定为："完成项目建设全过程各类文件材料的收集、整理与归档工作。"一般在项目档案验收前，应完成安全、环保、职业卫生、消防、防雷、审计的专项验收，项目有城市规划报建等其他专项内容的，也应该在项目档案验收前完成相关专项验收，因相关专项验收工作未完成造成没有资料归档的，每1个单项扣1分，上限7分；专项验收工作已经完成但没有资料归档，每1个专项扣2分，上限7分。

①安全验收。《危险化学品建设项目安全监督管理办法》（2015年5月27日国家安全生产监督管理总局令第79号修正）："第二十五条　建设项目试生产期间，建设单位应当按照本办法的规定委托有相应资质的安全评价机构对建设项目及其安全设施试生产（使用）情况进行安全验收评价，且不得委托在可行性研究阶段进行安全评价的同一安全评价机构。安全评价机构应当根据有关安全生产的法律、法规、规章和国家标准、行业标准进行评价。建设项目安全验收评价报告应当符合《危险化学品建设项目安全评价细则》的要求。""第二十六条　建设项目投入生产和使用前，建设单位应当组织人员进行安全设施竣工验收，作出建设项目安全设施竣工验收是否通过的结论。参加验收人员的专业能力

应当涵盖建设项目涉及的所有专业内容。建设单位应当向参加验收人员提供下列文件、资料，并组织进行现场检查：（一）建设项目安全设施施工、监理情况报告；（二）建设项目安全验收评价报告；（三）试生产（使用）期间是否发生事故、采取的防范措施以及整改情况报告；（四）建设项目施工、监理单位资质证书（复制件）；（五）主要负责人、安全生产管理人员、注册安全工程师资格证书（复制件），以及特种作业人员名单；（六）从业人员安全教育、培训合格的证明材料；（七）劳动防护用品配备情况说明；（八）安全生产责任制文件，安全生产规章制度清单、岗位操作安全规程清单；（九）设置安全生产管理机构和配备专职安全生产管理人员的文件（复制件）；（十）为从业人员缴纳工伤保险费的证明材料（复制件）。"安全专项验收重点检查"安全设施竣工验收安全评价报告""危险化学品建设项目安全设施验收表"是否归档。安全预评价资料的完整性应放在"2.4专项管理、项目土地房产管理、综合管理、合同、招投标、涉外、财务、器材等项目管理文件"中进行评价。

②环保验收。《建设项目环境保护条例》（国务院2017年7月修订）："第十七条　编制环境影响报告书、环境影响报告表的建设项目竣工后，建设单位应当按照国务院环境保护行政主管部门规定的标准和程序，对配套建设的环境保护设施进行验收，编制验收报告。""第十八条　分期建设、分期投入生产或者使用的建设项目，其相应的环境保护设施应当分期验收。""第十九条　编制环境影响报告书、环境影响报告表的建设项目，其配套建设的环境保护设施经验收合格，方可投入生产或者使用；未经验收或者验收不合格的，不得投入生产或者使用。前款规定的建设项目投入生产或者使用后，应当按照国务院环境保护行政主管部门的规定开展环境影响后评价。"环保专项验收重点检查竣工环境保护验收意见、竣工环境保护执行报告、竣工环境保护验收监测报告、项目废气污染物排放总量指标等相关资料的归档。环保预评价资料的完整性应放在"2.4专项管理、项目土地房产管理、综合管理、合同、招投标、涉外、财务、器材等项目管理文件"中进行评价。

③职业卫生验收。《建设项目职业病防护设施"三同时"监督管理办法》（国家安全生产监督管理总局令第90号）："第二十四条　建设项目在竣工验收前或者试运行期间，建设单位应当进行职业病危害控制效果评价，编制评价报告。""第二十五条　建设单位在职业病防护设施验收前，应当编制验收方案。""第二十六条　属于职业病危害一般或者较重的建设项目，其建设单位主要负责人或其指定的负责人应当组织职业卫生专业技术人员对职业病危害控制效果评价报告进行评审以及对职业病防护设施进行验收，并形成是否符合职业病防治有关法律、法规、规章和标准要求的评审意见和验收意见。属于职业病危害严重的建设项目，其建设单位主要负责人或其指定的负责人应当组织外单位职业卫生

专业技术人员参加评审和验收工作，并形成评审和验收意见……建设单位应当将职业病危害控制效果评价和职业病防护设施验收工作过程形成书面报告备查，其中职业病危害严重的建设项目应当在验收完成之日起20日内向管辖该建设项目的安全生产监督管理部门提交书面报告。书面报告的具体格式由国家安全生产监督管理总局另行制定。"第二十八条 分期建设、分期投入生产或者使用的建设项目，其配套的职业病防护设施应当分期与建设项目同步进行验收。"职业卫生专项验收重点检查职业病防护设施竣工验收意见书、职业病危害控制效果评价报告等相关资料的归档。职业卫生预评价资料的完整性应放在"2.4专项管理、项目土地房产管理、综合管理、合同、招投标、涉外、财务、器材等项目管理文件"中进行评价。

④消防验收。《建设工程消防监督管理规定》："第二十一条 建设单位申请消防验收应当提供下列材料：（一）建设工程消防验收申报表；（二）工程竣工验收报告和有关消防设施的工程竣工图纸；（三）消防产品质量合格证明文件；（四）具有防火性能要求的建筑构件、建筑材料、装修材料符合国家标准或者行业标准的证明文件、出厂合格证；（五）消防设施检测合格证明文件；（六）施工、工程监理、检测单位的合法身份证明和资质等级证明文件；（七）建设单位的工商营业执照等合法身份证明文件；（八）法律、行政法规规定的其他材料。""第二十二条 公安机关消防机构应当自受理消防验收申请之日起二十日内组织消防验收，并出具消防验收意见。"消防专项验收重点检查"建设工程消防验收意见书"等相关资料的归档，消防专项验收资料一般按单项工程对应形成归档资料，属于集群验收的需要关注是否涵盖所有的单项工程。建设工程消防设计审核意见书等预评价材料应放在"2.4专项管理、项目土地房产管理、综合管理、合同、招投标、涉外、财务、器材等项目管理文件"中进行评价。

⑤防雷验收。《雷电防护装置设计审核和竣工验收规定》（中国气象局令第37号）："第十二条 雷电防护装置实行竣工验收制度。建设单位应当向气象主管机构提出申请，并提交以下材料：（一）《雷电防护装置竣工验收申请表》（附表6）；（二）雷电防护装置竣工图纸等技术资料；（三）防雷产品出厂合格证和安装记录。""第十五条 雷电防护装置竣工验收内容：（一）申请材料的合法性；（二）雷电防护装置检测报告。""第十六条 气象主管机构应当在受理之日起十个工作日内作出竣工验收结论。雷电防护装置经验收符合要求的，气象主管机构应当出具《雷电防护装置验收意见书》（附表9）。雷电防护装置验收不符合要求的，气象主管机构应当出具《不予验收决定书》（附表10）。"防雷专项验收重点检查防雷装置验收意见书、新建防雷装置检测报告等相关资料的归档。防雷装置设计核准意见书、雷电风险评估报告等预评价材料应放在"2.4专项管理、项目土地房产管理、综合管理、合同、招投标、涉外、财务、器材等项目管理文件"中进行评价。

（2）专项验收批复文件未归档，扣1分/件；其他文件归档不完整，扣0.2分/件，上限0.5分/项。

解读：在归档的专项验收材料中，缺少批复文件的，每缺少一件扣1分，缺少其他上报材料或文件附件的，每1件扣0.2分。重点检查请示与批复、来函与复函、正文与附件的成套性、连续性、系统性。

（3）项目建设总结及大事记未归档，扣0.5分。

解读：归档材料中没有项目建设总结，扣0.5分；没有项目大事记，扣0.5分。项目建设总结应按单项工程形成整体的施工总结、监理总结、设计总结、工程质量监督总结，各参建单位根据自己承建内容形成总结，重点检查总结的整体性、是否达到全覆盖，按覆盖程度比例扣分，上限不超0.5分。参建单位的总结如组在施工卷中，可不扣分。大事记重点检查项目跨年度是否完整、项目重点节点是否完整，按完整度比例扣分，上限0.5分。

（4）质量监督报告、压力管道安装安全质量监督检验报告未归档，扣0.5分/项。

解读：归档材料中没有工程质量监督报告，扣0.5分；有压力管道施工但没有压力管道安装安全质量监督检验报告，扣0.5分。

第十二节　声像文件、电子文件

一、评价标准

"2.12声像文件、电子文件"（表8-12-1）共计6分，声像文件可单独扣6分，电子文件也可单独扣6分，两项合计扣分上限为6分。

表8-12-1　声像文件、电子文件齐全完整性评分表

编号	验收内容	标准分	评分细则
2.12	声像文件、电子文件	6	（1）监理、施工、建设单位等三类单位声像档案未归档，扣2分/类；归档不完整，扣0.1~1分 （2）施工文件、监理文件、竣工图、设备文件、前期和管理性文件等5类电子文件未归档，扣1分/类；归档不完整，扣0.1~1分

二、评价指标解读

（1）监理、施工、建设单位等三类单位声像档案未归档，扣2分/类；归档不完整，扣0.1~1分。

解读：DA/T 50—2014《数码照片归档与管理规范》4.1归档范围规定："4.1.1.2本单位重点建设项目、重点科研项目的数码照片。4.1.1.3 领导人、著名人物和国际友人参加与本单位、本地区有关的重大公务活动的数码照片；4.1.1.4本单位劳动模范、先进人物及其典型活动的数码照片；4.1.1.5本单位历届领导班子成员的数码证件照片。4.1.2记录本单位、本地区重大事件、重大事故、重大自然灾害及其他异常情况和现象的数码照片。4.1.3记录本地区地理概貌、城乡建设、重点工程、名胜古迹、自然风光以及民间风俗和著名人物的数码照片。4.1.4其他具有保存价值的数码照片。"DA/T 78—2019《录音录像档案管理规范》规定："各单位在履行职能活动中形成的、具有保存价值的录音录像文件应及时归档。"建设单位和参建单位均应形成声像文件归档，项目归档材料中缺少建设单位、监理单位、施工单位的声像材料，各扣2分；多家监理单位、多家施工单位的，每少1家单位归档按比例扣分。每个事项（每组）声像文件归档不完整，扣0.1分，每1个重要事项或节点无声像材料归档，扣0.1分。声像文件检查重点：一是检查建设单位、每家监理单位、每家施工单位是否有声像材料的归档交接手续；二是比对大事记，检查重要节点的声像材料归档情况；三是比对施工方案，检查重要施工节点、隐蔽工程的声像材料归档情况；四是检查每个事件（即每组）声像文件是否完整；五是检查单张照片的"六要素"是否完整；六是检查单张相片的像素是否达到标准要求；七是检查视频、音频文件的基本著录项是否齐全。

相关标准规范：DA/T 50—2014《数码照片归档与管理规范》、DA/T 54—2014《照片类电子档案元数据方案》、DA/T 62—2017《录音录像档案数字化规范》、DA/T 63—2017《录音录像类电子档案元数据方案》、DA/T 78—2019《录音录像档案管理规范》。

（2）施工文件、监理文件、竣工图、设备文件、前期和管理性文件等5类电子文件未归档，扣1分/类；归档不完整，扣0.1~1分。

解读：《中华人民共和国档案法》："第三十八条　国家鼓励和支持档案馆和机关、团体、企业事业单位以及其他组织推进传统载体档案数字化。已经实现数字化的，应当对档案原件妥善保管。"《中国石化电子档案管理规定》："6.1.1电子文件归档范围。反映本单位职能活动、具有查考价值和保存价值的各门类电子文件及其元数据均应收集、归档。"项目归档材料数字化率应达到100%，项目施工文件、监理文件、设计文件（含竣工图）、设备文件达到100%的各得1分，达不到的按比例扣减；项目前期立项文件、专项预评价和验收文件、建设单位与项目相关的管理性文件归档材料数字化率达到100%的得1分，达不到的按比例扣减；归档的单份电子文件不完整的每份文件扣0.1分，上限1分。电子文件检查重点：一是对比纸质文件，检查项目文件的数字化率是否达到100%；二是检查项目电子文件是否使用档案管理系统统一管理；三是检查归档电子文件页面是否清晰；

四是检查项目电子文件是否建立备份机制；五是检查归档电子文件储存介质是否规范；六是检查电子文件归档文字说明和移交手续是否完整。

相关标准规范：GB/T 18894—2016《电子文件归档与电子档案管理规范》、DA/T 31—2017《纸质档案数字化规范》、DA/T 32—2021《公务电子邮件归档与管理规则》、DA/T 38—2021《档案级可录类光盘CD-R、DVD-R、DVD+R 技术要求和应用规范》、DA/T 52—2014《档案数字化光盘标识规范》、DA/T 75—2019《档案数据硬磁盘离线存储管理规范》、《中国石化电子档案管理规定》。

第九章
项目档案准确性检查

项目档案准确性检查在验收评分表中占据15分的分值。对项目档案准确性的检查，主要围绕归档文件质量高低，归档文件签字盖章是否完备，归档文件内容是否准确，以及项目档案的封面、目录、备考表是否符合有关规范要求四个方面进行。

第一节 归档文件质量

一、评价标准

"3.1归档文件质量"（表9-1-1）与"3.2签字盖章完备""3.3内容准确""3.4档案封面、目录、备考表"合计15分。

表9-1-1 归档文件质量准确性检查评分细则

编号	验收内容	标准分	评分细则
3.1	归档文件质量		（1）归档载体不符合要求，扣0.2分/件；以复印件代替原件存档，扣0.2分/件，上限1分 （2）离线存储的电子文件未使用一次性写入光盘，扣1分 （3）有不符合档案保管要求的书写材料和字迹，扣0.2分/件，上限1分 （4）有图样不清晰等不符合归档文件质量要求的，扣0.2分/件，上限1分

二、评价指标解读

（1）归档文件材料载体不符合要求，扣0.2分/件，扣分不设上限。

解读：各类归档文件材料载体应符合国家规范要求。

①根据GB/T 50328《建设工程文件归档规范（2019年版）》的要求，归档的各类纸质文件材料应采用能够长期保存的韧性大、耐久性强的纸张。与地方政府、上级单位往来的公文用纸幅面规格要按照GB/T 9704《党政机关公文格式》的要求，正文和底稿用纸一般

71

采用国际标准A4型（210mm×297mm），纸张定量（克重）介于$60g/m^2$至$80g/m^2$之间。各类行政许可类文件材料的幅面和纸张定量据实归档。设计基础文件、设计文件、项目管理文件、施工文件、监理监造文件、设备文件、科研与信息系统文件、生产准备文件、竣工验收文件，使用的纸质材料参照公文用纸的幅面和定量（GB/T 50328）。各类图件宜采用国家标准GB/T 14689《技术制图 图纸幅面和格式》规定的图幅，其纸张的定量宜按行业规范执行。竣工图应按DA/T 28《建设项目档案管理规范》要求，为新晒制的蓝图或者计算机输出的激光打印图件，不得使用附近的白图编制。

在实际验收检查过程中，若发现归档的纸质文件材料存在下列情况的，均可扣0.2分/件：

a.往来公文及其他非图件类材料不是A4、A3等国际标准幅面的。

b.图件的幅面不符合GB/T 14689规定的。

c.纸张定量明显偏低、偏高，导致纸张韧性、抗撕裂性差的。

d.采用传真纸、压感纸、热敏纸归档原件且未同时归档热定影复印机复印件的。

e.竣工图、蓝图非新晒制的，或者非激光打印的计算机输出图件。

②照片应采用专用相纸作为载体，通过暗房冲洗，或者照片打印机打印出来归档。如使用普通彩色喷墨打印机，打印在非专用相纸上归档，一律扣0.2分/张。

③声像类归档的载体材料较为复杂，一般包括录音带、录像带、磁盘、光盘等载体。在验收检查时，首先要观察载体有无损伤、粘连现象，若有则扣0.2分/件；其次要通过专门的读取设备检查是否可以正常、准确、连贯读取相关信息，若存在读取错误，视为载体质量问题，扣0.2分/件。

（2）以复印件代替原件存档的，扣0.2分/件，上限1分，扣满为止。

解读：根据GB/T 50328《建设工程文件归档整理规范（2019年版）》的要求，归档的文件材料应为原件。在验收检查时，如发现归档的文件材料为复印件的，应根据实际情况进行区分。

①往来公文，以及各类权证、行政许可类文件材料，若建设单位能提供相应的凭证证明原件存档在管理类档案中，在项目档案中仅存档复印件的，不扣分，否则扣0.2分/件。

②施工材料质量证明文件为复印件，但加盖了供货单位印章，注明使用工程名称、规格、数量、进场日期、原件存放地点，并经经办人签字的，不扣分，否则扣0.2分/件。

③使用压感纸、传真纸、热敏纸作为载体归档的传真电报和其他传真件，或者使用不耐久书写材料的其他文件材料，同时进行了热定影复印机复印并将复印件同原件一起归档的，不扣分，否则扣0.2分/件。

④其他归档文件材料，如因某种客观原因不能提供原件只能提供复印件，若文件主办部门提供了有效说明，承诺复印件与原件内容一致，由经办人签字并加盖建设单位公章

的，不扣分，否则扣0.2分/件。

⑤所有归档文件材料，若使用彩色复印件归档，扣0.2分/件。

（3）离线存储的电子文件未使用一次性写入光盘，扣1分。

解读：离线存储的电子文件，应采用符合DA/T 38《档案级可录类光盘CD-R、DVD-R、DVD+R技术要求和应用规范》技术要求的档案级可录类光盘进行一次性写入。在实际检查验收中，可以将光盘放入光驱中，通过操作系统的文件资源管理器找到该光驱，并往其中尝试写入一个极小的文本文件，若提示无法写入，则可判定为一次性写入；若提示可继续操作，则可判定为非一次性写入。一个项目所有离线存储电子文件的光盘，只要发现一张为非一次性写入光盘，即扣1分，上限1分。

（4）有不符合档案保管要求的书写材料和字迹，扣0.2分/件，上限1分。

解读：根据GB/T 50328《建设工程文件归档规范（2019年版）》的要求，归档文件材料必须使用耐久性强的书写材料，以满足项目档案长久保管的要求，不得使用易褪色的书写材料。项目档案中有不符合档案保管要求的书写材料和字迹，扣0.2分/件，上限1分，扣满为止。

属于耐久性强的书写材料有墨、墨汁、碳素墨水、蓝黑墨水、黑色眷写油墨、印泥，以及经过档案部门鉴定认可的其他字迹材料。属于不耐久的书写材料有纯蓝墨水、红墨水、彩色墨水、印台油，双面蓝复写纸、红色复写纸、紫色复写纸、铅笔、彩笔、普通圆珠笔和未经过档案部门鉴定认可的其他字迹材料。对于计算机输出的文件，激光打印文件、激光打印文件的热定影复印件属于耐久性强的书写材料，色带式打印机、水性墨打印机、热敏打印机属于不耐久书写材料。

在实际检查验收过程中，发现有下述情况的，视为不符合档案保管要求的书写材料和字迹：

①公文处理单或者公文空白处领导批示意见、各类签名与日期签署采用铅笔、普通圆珠笔、彩笔或者红墨水、纯蓝墨水、彩色墨水书写的。

②使用色带式打印机、水性墨打印机、热敏打印机打印的文件材料，但没有同时归档热定影复印件的。

③各类印章使用印台油加盖的。

④各类文件材料采用复写纸复写的。

（5）有图样不清晰等不符合归档文件质量要求的，扣0.2分/件，上限1分。

解读：按照GB/T 50328《建设工程文件归档规范（2019年版）》要求，归档文件材料的页面文字、图结构应合理、大方，字迹工整、清楚，线画饱满、清晰、美观，着色、着墨牢固。各类图件的图例、图样要清晰、明确；按规定需着色的图件，应按色标着色，色泽协调均匀，分色界线清楚。利用施工图改绘竣工图，必须标明变更修改依据，凡施工图结构、工艺、平面布置图等有重大改变，或变更部分超过图面20%的，应当重新绘制竣工图。不同幅面的各类图件应按GB/T 10609.3《技术制图 复制图的折叠方法》的要求统一折叠成A4幅面，图标栏露在外面。

在实际验收检查中，发现有页面文字不清楚、图样不清晰，以及不符合上述相关归档文件质量要求的，扣0.2分/件，上限1分，扣满为止。

第二节 签字盖章完备

一、评价标准

"3.2签字盖章完备"（表9-2-1）与其他3个单项合计15分。

表9-2-1 签字盖章完备准确性检查评分细则

编号	验收内容	标准分	评分细则
3.2	签字盖章完备		（1）归档文件签字盖章不完备，扣0.2分/件，上限1分 （2）外方提供的竣工图未经外方签字确认，扣1.5分；有漏缺，扣0.2分/件 （3）材料质量证明文件不具备连续确认性，扣0.2分/件，上限2分

二、评价指标解读

（1）归档文件应签字盖章不完备，扣0.2分/件，上限1分。

解读：GB/T 50328《建设工程文件归档规范（2019年版）》要求，归档文件签字盖章手续应完备，在实际检查验收过程中，发现有下述情况的，视为签字盖章不完备，每发现一处，即扣0.2分，扣满为止：

①往来公文的签发人未签名的，发文机关的印章未加盖的（GB/T 9704《党政机关公文格式》规定无须加盖发文机关印章的除外）。

②安全评价、环境影响评价、消防审核、职业卫生评价、地震安全评价、地质灾害评估、水土保持评估、雷击风险评估、节能评估等各类预评价、评估报告中，未加盖责任者资质章的，以及各类评价、评估报告审查、审核会议形成的评价、评估意见未签名，评价组签字表未签、签署不全、存在代签情况的。

③施工文件、监理文件中，建设单位、施工单位、监理单位未按有关规定要求盖章，各单位相关责任人未按有关规定签名、签署日期或存在代签的。

④由设计单位编制竣工图时，应在竣工图编制说明、图纸目录和竣工图上逐张加盖并签署竣工图审核章，内容包括"竣工图审核章"字样、监理单位、专业监理工程师、审核日期；特殊情况下由施工单位编制竣工图时，应在竣工图编制说明、图纸目录和竣工图上逐张加盖并签署竣工图章，内容包括"竣工图"字样、施工单位、编制人、审核人、技术负责人、编制日期、监理单位、监理工程师、总监理工程师。竣工图章、竣工图审核章中的内容填写不齐全、不清楚，相关责任人签字不全或存在代签的，未经建设单位同意，竣工图章、竣工图审核章中相关责任人签署用执业资格印章代替签字的。

⑤合同会签审批表签署不全的，或者合同信息填写不全的。

⑥各类会议签到表、签字表签署不完全的。

⑦其他归档文件材料无责任单位盖章，无责任者签字、无日期签署，或有责任者签字但日期签署存在代签情况的。

（2）外方提供的竣工图未经外方签字确认，扣1.5分；有漏缺，扣0.2分/件。

解读：在实际检查验收过程中，对于国外引进项目、引进技术或由外方承包的建设项目中由外方提供的竣工图，应有外方签字确认。未经外方签字确认的，扣1.5分；有外方签字确认但是有漏缺的，扣0.2分/件。

（3）材料质量证明文件不具备连续确认性，扣0.2分/件，上限2分。

解读：建设工程项目的材料质量证明文件一般按单项或单位工程组材料质量证明卷，主要包括水泥、沙、石、外加剂、掺合料、商品混凝土、防水材料、防火材料、防腐涂料、钢构件、管件、钢材、预制桩、钢桩、焊条、焊剂、电缆、光缆等的合格证、质量证明书、检验报告、试验报告、复试报告、性能检测报告等。需要强调的是，建设工程项目采用的主要材料除应具有生产厂家提供的出厂质量证明文件（合格证、质量证明书、检验报告等）外，在进场时应进行进场验收，验收结果须经监理工程师检查认可；凡涉及结构安全、技能、环保和重要使用功能的有关产品、材料，应按各专业工程质量验收标准和设计文件等规定进行复验，复验结果（复试报告、性能检测报告等）应经采购单位材料工程师签字确认。

在实际验收检查中，应按照SH/T 3503《石油化工建设工程项目交工技术文件规定》、SH/T 3903《石油化工建设工程项目监理规范》的有关要求，对照《材料质量证明文件一览表》所列的材料质量证明文件，对每类材料，检查其出厂质量证明文件，以及各级采购单位、领用单位、进场验收、进场复验结果的签字确认材料是否完备。不完备的视为不具备连续确认性，扣0.2分/件，上限2分，扣满为止。

第三节　内容准确

一、评价标准

"3.3内容准确"（表9-3-1）与其他3个单项合计15分。如果某个项目在内容准确情况检查中扣分超过5分，则该项目直接按验收不合格处理。项目档案验收组不对整个项目进行评价打分，不出具验收意见，仅提出问题整改清单，建设单位完成问题整改后再申请复验。

表 9-3-1　内容准确性检查评分细则

编号	验收内容	标准分	评分细则
3.3	内容准确		（1）归档文件的内容、数据失实，扣0.2分/件，上限2分 （2）未标识终版竣工图，扣2分；竣工图修改不到位，扣0.5分/处 （3）文件日期不准确或文件日期存在前后逻辑混乱，扣0.2分/件，上限0.5分

二、评价指标解读

（1）归档文件的内容、数据失实，扣0.2分/件，上限2分。

解读：在实际检查验收中，应结合文件材料之间的有机联系，对各归档文件的内容、数据进行真实性检查与判定，检查验收过程中，发现以下情况的，视为内容、数据失实，扣0.2分/件，上限2分，扣完为止：

①可研、设计基础、设计、专项管理、施工、监理、工艺设备、科研项目、涉外、生产准备、财务、器材管理、竣工验收等的各类归档文件材料与建设项目实际情况不相符的，或者各类归档文件材料中关于建设项目有关情况、数据相互矛盾的。

②合同文件不能全面反映建设项目全貌的，或者合同要件不齐全的。

③施工、监理文件中参建单位和参建人员资质不足、不全、过期的，施工文件与实际施工不一致的。

④监理往来文件、日志、月报、旁站记录等缺失或者与实际施工不一致的。

⑤材料质量证明文件与实际进场材料不匹配的，或者材料质量证明文件、产品检验试验文件不全的，或者存在造假的。

⑥其他存在归档文件材料造假或者失实情况的。

（2）未标识终版竣工图，扣2分；竣工图修改不到位，扣0.5分/处。

解读：竣工图是建设工程项目的真实记录和反映，其真实性、准确性与可靠性对建设工程项目投入运行后进行管理维护、改扩建都具有重要意义。原则上，应按照SH/T 3503《石油化工建设工程项目交工技术文件规定》的要求，由设计单位负责竣工图的编制和移交。特殊情况下，可由施工单位负责竣工图的编制和移交。在实际检查验收中，应对照SH/T 3503《石油化工建设工程项目交工技术文件规定》、DA/T 28《建设项目档案管理规范》的相关要求，首先检查归档的竣工图是否具有终版竣工图标识，如无终版竣工图标识，直接扣2分；其次检查竣工图修改是否到位，修改不到位的，扣0.5分/处。

在实际检查过程中，发现有如下情况的，视为归档的竣工图未标识为终版竣工图：

①竣工图未依据工程技术规范按单位工程、分部工程、专业编制，或竣工图编制说明和图纸目录不全的。

②施工图有变更但未重新绘制竣工图，或者重新绘制了竣工图，但是在签署栏中的版次号未标注为J版（以竣工图"竣"字汉语拼音第一个字母大写"J"为标识）的。

③部分施工图无变更，以终版施工图作为竣工图，但是目录未标注为J版的。

④按图施工整套设计文件无变更，以终版施工图作为竣工图，但是目录未标注J版作为竣工图，或未加以说明的。

⑤竣工图未逐张加盖竣工图章或竣工图审核章的，或者逐张加盖了竣工图章或竣工图审核章但签署不完备的（关于竣工图章或竣工图审核章的内容及签署要求，参见本章第二节有关评价指标的解读）。

在实际检查验收过程中，发现如下情况的，视为竣工图修改不到位：

①一般性图纸变更且能在原施工图上修改补充的，可直接在原图上修改，但在修改处未注明修改依据文件的名称、编号和条款号的，或者对无法用图形、数据表达清楚的修改，未在图框内用文字说明的。

②竣工图内容与施工图设计、工程联络单、技术核定单、洽商单、材料变更、会议纪要、备忘录、施工及质检记录等涉及变更的全部文件存在不符，设计变更没有在竣工图上全部完成更改的。

③涉及结构形式、工艺、平面布置、项目等重大改变，或者图面变更面积超过20%，或者合同约定对所有变更均需重绘或变更面积超过合同约定比例，但是未重新绘制竣工图的；或者虽然重新绘制了竣工图，但未在签署栏中的版次号标注为J版的。

④重新绘制竣工图未按原图编号，或者图幅、比例、字号、字体与原图不一致的；或者图纸设计、校对、审核、审定人员签字真实完整性存在问题的。

⑤用施工图编制竣工图的，未使用新图纸，而是使用复印的白图编制竣工图的。

（3）文件日期不准确或文件日期存在前后逻辑混乱，扣0.2分/件，上限0.5分。

解读：在实际检查验收过程中，对项目文件的准确性检查时，还应检查文件日期的准确性，文件日期不准确或文件日期存在前后逻辑混乱的，扣0.2分/件，上限0.5分。

在实际检查验收过程中，发现如下情况的，视为日期不准确：

①请示批复、去函复函等往来公文的日期存在前后颠倒、逻辑混乱的。

②合同相对人的签署日期存在较大差异的。

③原材料出厂合格证、检验报告的日期晚于复检日期的。

④其他文件材料的签署日期，相互之间存在明显前后逻辑错误、不符合实际情况的。

第四节　档案封面、目录、备考表

一、评价标准

"3.4档案封面、目录、备考表"（表9-4-1）与其他3个单项合计共15分。

表9-4-1　档案封面、目录、备考表准确性检查评分细则

编号	验收内容	标准分	评分细则
3.4	档案封面、目录、备考表		（1）案卷题名不能反映卷内文件内容，扣0.5分 （2）外文检索工具及外文标题未翻译成中文，扣0.5分 （3）缺备考表或备考表不规范，扣0.5分 （4）卷内目录著录不符合要求，扣0.5分 （5）档案目录不完整，扣0.5分 （6）按件装订未加盖档号章，扣0.5分 （7）其他不符合规范要求的，扣0.5分

二、评价指标解读

（1）案卷题名不能反映卷内文件内容，扣0.5分。

解读：案卷题名的拟写，要按照GB/T 50328《建设工程文件归档规范（2019年版）》、GB/T 11822《科学技术档案案卷构成的一般要求》等标准规范的要求，充分反映卷内文件内容，便于准确检索所需文件。实际检查验收过程中，发现以下问题的，视为案卷题名不准确，不能揭示卷内文件内容，扣0.5分：

①案卷题名要素不全。案卷题名应包含项目名称（含单位工程名称）、分部工程或专业名称及卷内文件概要等内容；当房屋建筑有地名管理机构批准的名称或正式名称时，应以正式名称作为工程名称，建设单位名可省略；必要时可增加项目地址内容。

②案卷题名过于简单，难以准确检索所需文件，如"上级有关文件""施工记录（一）""施工记录（二）"等。

③案卷题名表达不规范，题名过长（一般情况下，以不超过60个字为宜）。

（2）外文检索工具及外文标题未翻译成中文，扣0.5分。

解读：对于外方参与建设形成的外文文件材料，为便于建设项目档案的利用，在归档时需要将外方提供的外文检索工具，或者中文检索工具中的外文文件材料标题翻译成中文，未翻译的扣0.5分。

（3）缺备考表或备考表不规范，扣0.5分。

解读：备考表是卷内文件状况的记录单，排列在卷内文件之后，或直接印制在卷盒内底面。根据GB/T 11822《科学技术档案案卷构成的一般要求》的要求，备考表中的项目一般应包括档号［由全宗号、分类号（或项目代号或目录号）、案卷号组成］，互见号（反映同一内容不同载体档案的档号，并注明其载体类型），卷内文件情况说明（卷内全部文件的总件数、总页数，不同载体文件的数量，以及组卷提供使用过程中需要说明的问题），立卷人（立卷责任者签名），立卷日期（完成立卷的日期），检查人（案卷质量审核者签名），检查日期（案卷质量审核的日期）七项。

实际检查验收过程中，如发现卷内缺备考表，或者备考表中卷内文件情况说明与实际情况不符，或者备考表的人员签署、日期签署不全，等等，扣0.5分。

（4）卷内目录著录不符合要求，扣0.5分。

解读：卷内目录，是登录卷内文件题名和其他特征并固定文件排列次序的表格，排列在卷内文件首页之前，又称卷内文件目录。

根据GB/T 11822《科学技术档案案卷构成的一般要求》的要求，卷内目录中的项目包括档号［由全宗号、分类号（或项目代号或目录号）、案卷号组成］，序号（依次标注卷内文件排列顺序），文件编号（填写文件文号或型号或图号或代字、代号等），责任者（填写文件形成者或第一责任者），文件题名（填写文件全称，文件没有题名的，应由立卷人根据文件内容拟写题名），日期（填写文件形成的具体日期，年、月、日写全），页数（填写每件文件总页数），备注（根据实际填写需注明的情况）八项。

实际检查验收过程中，发现卷内目录项目不全的，或者各项目著录不规范、不符合上述要求的，扣0.5分。

（5）档案目录不完整，扣0.5分。

解读：案卷目录，又称档案目录，是登录案卷题名、档号、保管期限及其他特征，并按案卷号次序排列的一种检索工具。

根据GB/T 11822《科学技术档案案卷构成的一般要求》的要求，案卷目录中的项目包括序号（登录案卷的流水顺序号），档号［由全宗号、分类号（或项目代号或目录号）、案卷号组成］，案卷题名（简明、准确地揭示卷内文件的主要内容），总页数（卷内全部文件的页数之和），保管期限（立卷时依照有关规定划定的保管期限），备注（根据管理需要填写案卷的密级、互见号或存放位置等信息）六项。

实际检查验收过程中，发现案卷目录中项目不全的，或者各项目著录不规范、不符合上述要求的，扣0.5分。

（6）按件装订未加盖档号章的，扣0.5分。

解读：根据GB/T 11822《科学技术档案案卷构成的一般要求》的要求，卷内文件可整卷装订或以件为单位装订。以件为单位装订的应在每件文件首页空白处加盖档号章，档号章的项目包括档号［由全宗号、分类号（或项目代号或目录号）案卷号组成］，序号（依次标注卷内文件排列顺序）两项。

实际检查验收过程中，发现卷内文件以件为单位装订，未加盖档号章的或者档号章中各项目著录不规范、不符合上述要求的，扣0.5分。

（7）其他不符合规范要求的，扣0.5分。

解读：根据GB/T 11822《科学技术档案案卷构成的一般要求》的要求，在实际检查验收过程中，除重点检查上述项目的准确性以外，还需对卷内文件页号、案卷封面、案卷脊背进行准确性检查，发现不符合如下规范要求的，扣0.5分：

①卷内文件页号准确性要求。卷内文件以件为单位编写页号，以有效内容的页面为一页。已有页号的文件可不再重新编写页号。卷内目录、备考表不编写页号。

②案卷封面准确性要求。案卷封面应印制在卷盒正表面，亦可采用内封面的形式编制。案卷封面的项目包括档号［由全宗号、分类号（或项目代号或目录号）、案卷号组成］，案卷题名（简明、准确地揭示卷内文件的主要内容），立卷单位（负责组卷的部门或单位），起止日期（卷内文件形成的最早和最晚时间，年、月、日写全），保管期限（立卷时依照有关规定划定的保管期限），密级（卷内文件的最高密级）六项。

③案卷脊背准确性要求。案卷脊背印制在卷盒侧面，案卷脊背的项目包括保管期限（立卷时依照有关规定划定的保管期限），档号［由全宗号、分类号（或项目代号或目录号）、案卷号组成］，案卷题名（简明、准确地揭示卷内文件的主要内容）三项。

第十章
项目档案系统性检查

第一节　交工技术文件的系统性

一、评价标准

"4.1交工技术文件的系统性"（表10-1-1）与4.2项目档案的系统性"合计共6分，每个单项扣分上限为6分。

表 10-1-1　交工技术文件的系统性评分表

编号	验收内容	标准分	评分细则
4.1	交工技术文件的系统性		（1）交工技术文件没有实施系统性编号，扣1分 （2）编号不完整，扣0.5分

二、评价指标解读

（1）交工技术文件没有实施系统性编号，扣1分。

解读：DA/T 28—2018《建设项目档案管理规范》中规定："4.4建设单位及各参建单位应加强项目文件过程管理，通过节点控制强化项目文件管理，实现从项目文件形成、流转到归档管理的全过程控制。""5.2.1.3建设单位要在项目开工前制定项目档案工作方案，对参建单位进行项目文件管理和归档交底。""5.2.4.1参加单位要建立符合建设单位要求的文件管理制度，报建设单位确认。""6.2项目文件管理业务规范内容中应包含项目文件管理流程、文件格式、编号、归档要求等。""7.1.3项目文件应格式规范、内容准确、清晰整洁、编号规范、签字及盖章手续完备并满足耐久性要求。"

SH/T 3503—2017《石油化工建设工程项目交工技术文件规定》中规定："4.1建设单位应按本标准在合同或相关文件中明确对交工技术文件的要求和管理责任，在项目开工前根据项目特征或具体要求明确交工技术文件编制方案。""6.1.2工程项目开工前，参建

81

单位根据项目的具体情况及建设单位的交工技术文件编制方案，制定交工技术文件编制细则。"

综上所述，就是要求建设单位在开工前应提供交工技术文件编制规定，要求施工单位根据建设单位的交工技术文件编制规定编制交工技术文件编制细则，其中包括交工技术文件编号规定。

在项目档案验收时，应检查是否编制了交工技术文件编号规定，项目交工技术文件编号规则是否科学合理，编号的字段设置、字体含义是否反映工程施工内容，编号字节长度是否便于记忆和填写。如果没有编制交工技术文件编号规定，或没有按照规定对交工技术文件进行系统性编号，扣1分。

（2）编号不完整，扣0.5分。

解读：在项目档案验收时，应根据参建单位编制的交工技术文件编制细则中的交工技术文件编号规定，详细检查项目交工技术文件编号的执行情况，审查每份交工技术文件报审编号是否填写，编号是否连续，如果编号不完整，扣0.5分。

第二节　项目档案的系统性

一、评价标准

"4.2项目档案的系统性"（表10-2-1）与4.1交工技术文件的系统性"合计共6分，每个单项扣分上限6分。

表 10-2-1　项目档案的系统性评分表

编号	验收内容	标准分	评分细则
4.2	项目档案的系统性		（1）档案分类不符合国家、行业标准或企业标准，扣1分 （2）档案组卷不符合国家、行业标准或企业标准，扣1分 （3）未按单项工程分专业组卷，扣1分 （4）卷内文件排序不能反映文件材料的有机联系，扣0.1分/卷，上限1分

二、评价指标解读

（1）档案分类不符合国家、行业标准或企业标准，扣1分。

解读：DA/T 28—2018《建设项目档案管理规范》中规定："6.3建设单位档案管理业务规范中应包含a）项目档案管理办法；b）档案分类方案；c）归档范围和档案保管期限表；d）整理编目细则。""8.1.1建设单位应结合有关规定、行业特点和项目实际制定项目档案分类方案。档案分类方案应符合逻辑性、实用性、可扩展性的原则并保持相对稳定。"在项目档案验收时，应检查建设单位是否制定了项目档案分类方案，制定的档案分类方案是否科学，是否符合GB/T 11822《科学技术档案案卷构成的一般要求》、DA/T 28《建设项目档案管理规范》、SH/T 3508《石油化工安装工程施工质量验收统一标准》、SH/T 3503《石油化工建设工程项目交工技术文件规定》等国家、行业标准或企业标准，不符合的或有出入的，扣1分。

项目档案系统性检查应按单项工程划分表展开，逐层分解，递进审查案卷及卷内文件关联性、逻辑性，体现各事由在案卷及卷内文件中有机联系。

①检查项目交工技术文件编号规则是否科学合理，编号的字段设置、字体含义是否反映工程施工内容，编号字节长度及是否便于记忆和填写。

②检查项目交工技术文件编号执行情况，编号规定是否有缺失，审查每份交工技术文件报审编号是否填写、是否完整。

③检查档案分类方案是否科学，是否符合GB/T 11822《科学技术档案案卷构成的一般要求》、DA/T 28《建设项目档案管理规范》、SH/T 3508《石油化工安装工程施工质量验收统一标准》、SH/T 3503《石油化工建设工程项目交工技术文件规定》等国家标准、行业标准或企业标准。

（2）档案组卷不符合国家、行业标准或企业标准，扣1分。

解读：DA/T 28—2018《建设项目档案管理规范》中规定："8.1.2建设单位档案机构依据项目档案分类方案对全部项目档案进行统一汇总整理和排列上架。记录工程部位的音像档案，宜与该单位工程的纸质档案统一编号，与其他音像档案集中存放保管。"在项目档案验收时，应检查项目档案组卷是否符合《科学技术档案案卷构成的一般要求》《建设项目档案管理规范》等国家标准、行业标准或企业标准，不符合的或有出入的，扣1分。

检查组卷是否符合《科学技术档案案卷构成的一般要求》《建设项目档案管理规范》等国家标准、行业标准或企业标准。

（3）未按单项工程分专业组卷，扣1分。

解读：DA/T 28—2018《建设项目档案管理规范》中规定："7.3.2.5项目档案的整理过程中，交工技术文件按单位工程、分部工程或装置、阶段、结构、专业组卷。"在SH/T 3503—2017《石油化工建设工程项目交工技术文件规定》中规定："6.2.2交工技术文件由整理单位按单项工程编制。施工文件、材料质量证明文件、设备出厂资料、竣工图应按专业分类。""6.2.3施工文件可设单项工程综合卷，并按土建工程、设备安装工程、管道安装工程、电气安装工程、仪表安装工程等专业分类组卷。各专业文件较多时，可按单位（单元）工程等组卷。"

查看项目单位、分部、分项工程划分表，检查项目交工技术文件是否按单项工程分专业组卷。检查同一专业或同一单位、子单位工程内，交工技术文件案卷是否按项目划分表进行排列组卷，未按单项工程分专业组卷的，扣1分。

（4）卷内文件排序不能反映文件材料的有机联系，扣0.1分/卷，上限1分。

解读：DA/T 28—2018《建设项目档案管理规范》中规定："7.3.2.5项目文件组卷。……卷内文件一般印件在前，定稿在后；正件在前，附件在后；复文在前，来文在后；文字在前，图样在后。"SH/T 3503—2017《石油化工建设工程项目交工技术文件规定》中对各专业卷的整理、卷内文件排序均有详细规定，在项目档案验收时，应重点查看案卷卷内目录，各阶段项目文件卷内排列顺序，是否能反映文件材料之间的有机联系。项目前期文件、项目管理文件按事由结合时间顺序组卷，同一事由的文件要批复在前、请示在后，正文在前、附件在后，文字在前、图样在后，译文在前、原文在后等原则。其中招标投标、合同文件按招标的标段、合同组卷。交工技术文件按单位工程、分部工程或装置、阶段、结构、专业组卷，卷内文件的排列顺序，需按照工序顺序进行有序排列，不得按文种进行归类排列。卷内文件排序不合理，或排序错误的，扣0.1分/卷，上限1分。

第十一章
项目档案规范性检查

项目档案规范性检查，在验收评分表中占据5分的分值。对项目档案规范性的检查，主要围绕文件版次是否终版，纸质文件格式是否符合要求，电子文件格式和质量是否符合要求，文件材料内容是否填写规范清晰，归档手续是否完备，档案装具是否要求六个方面进行。每项验收内容扣分上限5分，各项合计扣分上限5分。详见表11-1。

表 11-1 项目档案规范性评分表

编号	验收内容	标准分	评分细则
5	项目档案规范性		
5.1	文件版次		归档文件版次不符合要求，扣0.2分/件
5.2	纸质文件格式		文件格式不符合 SH/T 3503 及 GB/T 11822 等标准要求，扣0.2分/件
5.3	电子文件格式	5	项目电子文件格式或质量不符合要求，扣0.2分/件
5.4	文件材料内容		填写不规范，字迹不清，扣0.1分/卷
5.5	归档手续		（1）未办理档案归档手续，扣0.5分/归档单位 （2）归档手续不完整，扣0.2分/归档单位
5.6	装具要求		档案盒等档案装具不符合要求，扣0.5分

第一节　文件版次

一、评价标准

归档文件版次不符合要求，扣0.2分/件。扣分上限5分。

二、评价指标解读

解读：归档文件应该是经过相关部门审核后的最终版。根据Q/SH 0704《建设工程项目档案管理规范》的要求，交工技术文件和监理文件收集、编制和整理后，应依次由编制单位、监理单位、质监机构对文件的完整、准确情况和安全质量进行审查或三方会审，经建设单位工程管理部门确认并办理交接手续后连同审查记录全部交档案管理部门。

在实际检查验收过程中，要重点检查项目可行性研究报告、岩土工程勘察报告、总体设计、基础设计，安全评价、环境影响评价、消防审核、职业卫生评价、地震安全评价、地质灾害评估、水土保持评估、雷击风险评估、节能评估等各类的预评价及评估报告，竣工图等文件材料的版次，可通过阅读文件内容、评审或审查记录等判断相关归档文件是否为最终版。

第二节　纸质文件格式

一、评价标准

文件格式不符合SH/T 3503及GB/T 11822等标准要求的，扣0.2分/件。扣分上限5分。

二、评价指标解读

解读：纸质文件格式规范性检查，主要检查交工技术文件封面、目录、正文等是否按照SH/T 3503《石油化工建设工程项目交工技术文件规定》、GB/T 11822《科学技术档案案卷构成的一般要求》中规定的规范格式形成；各类图件是否按照GB/T 14689《技术制图　图纸幅面和格式》形成。

建设工程项目交工技术文件中/英文用表格应符合SH/T 3503的要求，有关标准规范和SH/T 3503同时列有同类表格时，应优先采用SH/T 3503附录A~附录H中列入的表格。

SH/T 3503规定，纸质版交工技术文件的文字资料用纸规格应为A4。附录A~附录H所列表格中表头左侧栏内的字号为标准黑体五号字，表头中部表格名称为宋体加粗三号字，其他各栏文字为标准宋体五号字，录入文字为五号楷体，页边距应按下列规定设置：

（1）竖排版的文件左边距25mm、上边距20mm、右边距20mm、下边距20mm，装订线位置在左侧。

（2）横排版的文件左边距20mm、上边距25mm、右边距20mm、下边距20mm，装订线位置在上部。

在实际检查验收过程中，施工单位若因客观原因对SH/T 3503规定的各项表格进行了修改，并经建设单位按内控流程进行了批准，可视为合格。

第三节 电子文件格式

一、评价标准

项目电子文件格式或质量不符合要求，扣0.2分/件。扣分上限5分。

二、评价指标解读

解读：

（1）根据DA/T 28《建设项目档案管理规范》的相关要求，项目电子文件完成整理后，由形成部门负责对文件信息包进行鉴定和检测，包括内容是否齐全完整、格式是否符合要求、与纸质或其他载体文件内容的一致性等。

（2）根据GB/T 50328《建设工程文件归档规范（2019年版）》、Q/SH 0704《建设工程项目档案管理规范》的要求，归档电子文件应为开放式文件格式或通用格式。专用软件产生的非通用格式的电子文件应转换成通用格式。文字图表类电子文件宜为PDF格式；照片为JPEG、TIFF格式；图件归档格式为DWG、PDF、SVG格式；音频归档格式为MP3或WAV格式；视频归档格式为MPEG或AVI格式。

（3）根据DA/T 28《建设项目档案管理规范》、Q/SH 0704《建设工程项目档案管理规范》的要求，图像电子文件、视频电子文件应主体突出、曝光准确、影像清晰。图像电子文件分辨率应达到300dpi以上；视频电子文件宜采用200万以上像素拍摄；数码照片像素应在800万以上，单幅照片不小于3M。

（4）根据SH/T 3503《石油化工建设工程项目交工技术文件规定》的要求，交工技术文件电子版应与其对应的纸质版一致；交工技术文件电子版应以纸质版卷内目录中的序号为编制单元，一个序号的文件为一个电子文件，一卷为一个文件夹，文件夹名称与对应纸质版案卷"卷名"相同。

（5）除上述要求以外，在实际检查验收过程中，还应重点检查档案管理系统中电子文件是否能打开，是否齐全完整，是否与其对应的纸质版一致，是否与建设项目档案案卷目录、卷内目录相对应，等等。

第四节 文件材料内容

一、评价标准

填写不规范，字迹不清，扣0.1分/卷。扣分上限不超过5分。

二、评价指标解读

解读：

（1）DA/T 28《建设项目档案管理规范》要求，项目文件应格式规范、内容准确、清晰整洁、编号规范、签字及盖章手续完备并满足耐久性要求；竣工图应完整、准确、规范、清晰、修改到位，真实反映项目竣工时的实际情况；竣工图章、竣工图审核章中的内容应填写齐全、清楚，应由相关责任人签字，不得代签；经建设单位同意，可盖执业资格印章代替签字。

（2）SH/T 3503《石油化工建设工程项目交工技术文件规定》要求，交工技术文件除产品技术文件和设备质量证明文件、材料质量证明文件外，宜用计算机编制，责任人员应用符合档案要求的书写工具签字确认，且应做到字迹清晰、签章完整。

（3）Q/SH 0704《建设工程项目档案管理规范》要求，项目文字应字迹清楚、图表清晰、签字盖章完备。

（4）在实际检查验收过程中，要按照以上相关要求，重点检查各类归档文件材料相关信息的填写是否准确，文字、图表着墨是否牢固，图件着色是否规范等。

第五节　归档手续

一、评价标准

（1）未办理档案归档手续，扣0.5分/归档单位。
（2）归档手续不完整，扣0.2分/归档单位。

二、评价指标解读

解读：

（1）Q/SH 0704《建设工程项目档案管理规范》要求，交工技术文件和监理文件收集、编制和整理后，应依次由编制单位、监理单位、质监机构对文件的完整、准确情况和案卷质量进行审查或三方会审，经建设单位工程管理部门确认并办理交接手续后，连同审查记录全部交档案管理部门。项目文件归档均须履行交接手续。交接双方应核对归档文件，并在文件材料归档移交书上签字，并各执一份。

（2）DA/T 28《建设项目档案管理规范》要求，建设单位各部门形成的文件组卷完毕。

经部门负责人审查合格后，提交建设单位档案管理机构归档。

（3）在实际检查验收过程中，重点检查各类归档文件材料在移交归档前是否进行了质量审查，在归档时是否履行了交接手续，是否签署了归档移交书。

第六节　装具要求

一、评价标准

档案盒等档案装具不符合要求，扣0.5分。

二、评价指标解读

解读：

（1）档案装具是指存储档案的专用设备。DA/T 6《档案装具》将其分为柜装具类（包括案卷柜、文件柜、办公柜、胶片柜、磁带柜、卡片柜、自动寻层柜）、架装具类（包括暴扣直列式密集架、侧拉式密集架、抽屉式密集架、单柱固定架、双柱固定架）、其他装具类（包括档案卷盒、卷夹、卷皮等）。

（2）柜装具类、架装具类的尺寸规格、技术要求应满足DA/T 6《档案装具》、DA/T 7《直列式档案密集架》的有关要求。

（3）档案卷盒、卷夹、卷皮的装具规格和制成材料应满足GB/T 11822《科学技术档案案卷构成的一般要求》的有关要求。

（4）电子档案一般应采用档案级可录类光盘存储，其技术要求应满足DA/T 38《档案级可录类光盘CD-R、DVD-R、DVD+R 技术要求和应用规范》的有关要求。

（5）在实际检查验收过程中，应重点检查各类档案装具是否满足上述有关要求。

第十二章
项目档案安全性检查

项目档案安全性检查在验收评分表中占据4分的分值，主要围绕库房保管安全性、档案用房安全性、电子文件安全性3个方面进行。

第一节　库房保管

一、评价标准

"6.1库房保管"（表12-1-1）"6.2档案用房""6.3电子文件"合计4分。单项无扣分上限，三项合计扣分上限为4分。

表 12-1-1　库房保管安全性检查评分细则

编号	验收内容	标准分	评分细则
6.1	库房保管		（1）档案库房容量不满足5年存量要求，扣0.5分 （2）档案防火、防盗、防高温、防潮、防水、防光、防鼠、防虫、防尘、防污染等"十防"措施不到位，扣0.2分/项 （3）库房温湿度检查等记录不全，扣0.5分

二、评价指标解读

（1）档案库房容量不满足5年存量要求，扣0.5分。

解读：《机关档案管理规定》（国家档案局第13号令）第十五条第三款规定："档案库房面积应当满足机关档案法定存放年限需要，使用面积按（档案存量+年增长量×存放年限）×60m²/万卷（或10万件）测算。档案数量少于2500卷（或25000件）的，档案库房面积按15m²测算。"

建设单位需提供用于项目建设档案保存保管的专用库房，并且库房冗余量要满足5年内档案增长的数量，未达到该条件的扣0.5分。

在实际验收检查过程中，要重点实地查看档案库房容量，并测算未来5年内预计增加案卷数与所需面积，并与实际库房冗余量进行对比，从而判断是否满足存量要求。

（2）档案防火、防盗、防高温、防潮、防水、防光、防鼠、防虫、防尘、防污染等"十防"措施不到位，扣0.2分/项。

解读：DA/T 28《建设项目档案管理规范》8.3.1条规定："建设单位和参建单位应为项目档案的安全保管提供必要的设施设备，确保档案安全。"8.3.2条规定"建设单位档案库房应符合防火、防盗、防水、防潮、防高温、防紫外线照射、防尘、防有害生物（霉、虫、鼠）的要求。档案管理机构应建立档案库房管理制度，加强日常库房管理。"

《机关档案管理规定》（国家档案局第13号令）第三十八条规定："机关应当做好档案防火、防盗、防紫外线、防有害生物、防水、防潮、防尘、防高温、防污染等防护工作。库房温湿度应当符合JGJ 25《档案馆建筑设计规范》规定。档案库房不得存放与档案保管、保护无关的物品。"

《档案馆建设标准》（建标 103）第三十一条规定："档案馆围护结构应满足保温、隔热、温湿度控制、防潮、防水、防日光、防紫外线照射、防尘、防污染、防有害生物和防盗等防护要求。"

防火：档案库房门应有"严禁烟火"警示牌；下班时切断电源；灭火器定点放置，不得随意移动或拿作他用，并适时更换失效过期的灭火器，定期检查烟感温感状态，使其保持良好的状态。

防盗：档案库房应配备安全监控系统、报警器、防盗网、铁门、铁柜，并保持良好的工作状态，无关人员不得进入档案库房。下班时关好门窗，上班时检查档案库房门窗、铁网、铁门、铁柜、档案是否完好。

防高温：要注意库房温度的变化情况，当库房温度大于或小于库房温度标准（14~24℃）时，采取排气、抽风、通风或启动空调机进行降温，使库内温度控制在标准范围内。

防潮：要掌握库房内的湿度变化情况，库内库外设置温湿度计，比较库内库外湿度。当库内湿度大于库外时，采取抽风、排气、打开库房门窗进行通风等措施，或关闭门窗启动除湿机；当库房湿度小于库外湿度时，采取关闭门窗等措施将库房湿度控制在45%~60%范围内。

防水：档案库房应设置在远离水患的场所，无特殊保护装置一般不宜设置在顶层或地下。馆区内应排水通畅，不得出现积水，在汛期要注意政府防汛抗洪信息，防止档案水浸、水淹；平时要注意关好窗户防止雨水飘入。

防光：档案库房门窗应安装防光布帘，注意防止太阳光直射档案库房，严禁将档案纸张材料搬到太阳下暴晒。做好防光工作，有效防止档案纸张材料发生变质、字迹褪色。

防鼠：做好档案防鼠工作。库房门应设置防鼠板；平时要注意观察鼠害痕迹，一旦发现，立即采取措施扑灭鼠害。

防虫：做好档案勤防勤治虫害工作。库房内严禁存放任何杂物；定期施放杀虫驱虫药物，并根据药效时限适时更换失效过期的杀虫驱虫药物。平时注意查看是否有虫害情况，一旦发现，立即采取措施扑灭虫害。

防尘：开展经常性的除尘工作；适时打开、关闭档案库房门窗，防止尘灰、烟雾进入，注意保持档案柜、档案自身的干净清洁。

防污染：档案库房保持经常性地抽风、通风，保持室内空气清新，严禁有害气体、有害物品进入档案库房，定期施放、更换防腐药物，净化库房周围环境，保持库房内清洁。

在实际验收检查过程中，重点要现场检查项目建设档案库房"十防"措施是否到位、控制手段是否有效，是否能确保项目档案的安全。

（3）库房温湿度检查等记录不全，扣0.5分。

解读：《机关档案管理规定》（国家档案局第13号令）第三十九条规定："档案工作人员应当监测和记录库房温湿度，根据需要采取措施调节；定期检查维护档案库房设施设备，确保正常运转。"

建设单位应建立项目建设档案库房管理制度，对档案库房管理提出明确要求，包括但不限于库房巡检方式、巡检记录、各类载体温湿度控制范围等，以便于掌握库房整体环境，保持良好状态。

在实际验收检查过程中，要现场检查项目建设档案库房巡检、温湿度检查记录的字迹是否清晰、内容是否齐全、温湿度控制手段是否有效。

第二节　档案用房

一、评价标准

"6.2档案用房"（表12-2-1）与"6.1库房保管""6.3电子文件"合计4分。单项无扣分上限，三项合计扣分上限为4分。

表 12-2-1 档案用房安全性检查评分细则

编号	验收内容	标准分	评分细则
6.2	档案用房		档案库房、阅览室、办公区未实行"三分开",扣 0.5 分

二、评价指标解读

档案库房、阅览室、办公区未实行"三分开",扣0.5分。

解读:《机关档案管理规定》(国家档案局第13号令)第十四条规定:"机关应当分别设置档案办公用房、整理用房、阅览用房和档案库房,并根据工作需要设置展览用房、档案数字化用房、服务器机房等。"第二十一条规定:"档案库房应当安装全封闭防盗门窗、遮光阻燃窗帘、防护栏等防护设施,可以选择设置智能门禁识别、红外报警、视频监控、出入口控制、电子巡查等安全防范系统。整理用房、阅览用房、档案数字化用房应当设置视频监控设备。"

《档案馆建设标准》(建标 103)第十二条规定:"档案馆房屋建筑由档案库房、对外服务用房、档案业务和技术用房、办公室用房等主要功能用房和附属用房及建筑设备组成。"

建设单位需提供项目建设档案管理所需要的档案库房、阅览室、办公用房,并且实行"三分开",未达到该条件的扣0.5分。

在实际验收检查过程中,要现场检查项目建设档案库房、办公房、阅览室是否实行三分开,业务用房标识是否清晰,安全监控系统是否配备,相应设施配备(计算机、彩色打印机、扫描仪等)是否齐全,以及库房是否能确保项目档案的安全。

第三节 电子文件

一、评价标准

"6.3电子文件"(表12-3-1)与"6.1库房保管""6.2档案用房"合计4分。单项无扣分上限,三项合计扣分上限为4分。

表 12-3-1 电子文件安全性检查评分细则

编号	验收内容	标准分	评分细则
6.3	电子文件		(1)电子文件没有导入档案管理系统,扣 1 分 (2)没有建立项目电子文件备份机制,扣 0.5 分

二、评价指标解读

（1）电子文件没有导入档案管理系统，扣1分。

解读：DA/T 28《建设项目档案管理规范》5.2.1.5条规定："将项目档案信息化纳入项目管理信息化建设，统筹规划，同步实施。"9.2.3条规定："建设单位应建立项目电子档案管理系统，管理项目全部电子档案，系统应具备接收登记、分类组织、鉴定处置、权限控制、检索利用、安全备份、统计打印、移交输出、系统管理等基本功能。"9.2.4条规定："接入内部网的项目档案信息管理系统，应建立操作日志，通过身份认证、访问控制、信息完整性校验、防火墙、入侵检测等技术手段和管理方法确保档案数据得到有效保护，防止因偶然或恶意的原因使网络数据遭到破坏、更改、泄露，杜绝网络系统上的信息丢失、篡改、失泄密、系统破坏等事故发生。"

建设单位应建立项目电子档案管理系统，管理项目全部电子档案，系统应具备接收登记、分类组织、鉴定处置、权限控制、检索利用、安全备份、统计打印、移交输出、系统管理等基本功能。未达到该条件的扣1分。

在实际验收检查过程中，现场查看电子档案管理系统，检查电子文件导入系统的情况，并随机抽查部分入库电子版与纸质版的对应情况。

（2）没有建立项目电子文件备份机制，扣0.5分。

解读：DA/T 28《建设项目档案管理规范》9.2.2条规定："项目电子档案的保管、有效性保证、鉴定和利用应符合GB/T 18894的规定。"9.2.5条规定："项目电子档案保存实行备份制度，重要电子档案应当异地异质备份。"

《机关档案管理规定》（国家档案局第13号令）第六十五条规定："机关应当制定电子档案备份方案和策略，采用磁带、一次性刻录光盘、硬磁盘等离线存储介质对电子档案实行离线备份。具备条件的，应当对电子档案进行近线备份和容灾备份。"

建设单位应建立健全项目电子档案保存备份制度，重要电子档案应开展电子文件异质、异地（在石化内部）备份工作，同时签署电子档案备份管理协议，未达到该条件的扣0.5分。

在实际验收检查过程中，要现场检查电子文件管理制度、备份策略、管理协议、备份记录。本地备份策略和备份记录是检查重点。

第十三章
相关案例

第一节　交工技术文件编制方案

根据SH/T 3503—2017《石油化工建设工程项目交工技术文件规定》4.1条的要求："建设单位应按本标准在合同或相关文件中明确对交工技术文件的要求和管理责任，在项目开工前根据项目特征或具体要求明确交工技术文件编制方案"，《中国石化建设项目档案验收细则》的附件6.2"中国石化建设项目档案验收评分表"中，对"项目档案管理体制"部分的验收内容明确规定，建设单位无交工技术文件编制方案的，扣0.5分。

《中国石化档案管理实务手册》"第六章　建设项目档案"附录6-1中有具体示例。

为进一步加深大家的理解，现提供两个项目的交工技术文件编制方案，供工作中学习借鉴。

中国石化×××公司
×××项目

交工技术文件（监理文件）编制方案

×××项目管理部

1	2022.06	正式发布			
0	2021.08	试行			
版本	日期	描述	编制	审核	批准

1　目的和范围

2　编制依据

3　总则

4　归档执行标准规范

5　案卷编制要求

5.1　项目名称

5.2　时间要求

5.3　数量要求

5.4　质量要求

5.5　竣工图编制要求

5.6　卷内目录要求

5.7　备考表要求

5.8　电子版要求

5.9　声像资料要求

5.10　移交手续要求

6　案卷组卷要求

6.1　总则

6.2　施工文件

6.3　监理文件

6.4　竣工图

7　交工技术文件(监理文件)的汇总、审核和验收

7.1　交工技术文件汇总

7.2　项目交工技术文件(监理文件)的审核和验收

8　附件部分

1 目的和范围

1.1 为了明确×××项目从工程开工到交工验收，即工程施工阶段设计、采购、施工、检测、监理单位或工程总承包单位移交建设单位的交工技术文件的要求，制定本方案。

1.2 本方案适用于×××项目交工技术文件、监理文件及设备随机文件编制、组卷和移交。

1.3 项目交工技术文件的形成、收集、整理与组卷除执行本规定外，还应符合国家和地方有关法律、法规的规定以及合同约定。

2 编制依据

2.1 DA/T 28—2018《建设项目档案管理规范》

2.2 GB/T 11822—2008《科学技术档案案卷构成的一般要求》

2.3 GB/T 18894—2016《电子文件归档与电子档案管理规范》

2.4 GB 50300—2013《建筑工程施工质量验收统一标准》

2.5 GB/T 10609.3—2009《技术制图 复制图的折叠方法》

2.6 GB/T 11821—2002《照片档案管理规范》

2.7 GB 51171—2016《通信线路工程验收规范》

2.8 SH/T 3503—2017《石油化工建设工程项目交工技术文件规定》

2.9 SH/T 3543—2017《石油化工建设工程项目施工过程技术文件规定》

2.10 SH/T 3508—2011《石油化工安装工程施工质量验收统一标准》

2.11 SH/T 3903—2017《石油化工建设工程项目监理规范》

2.12 SH/T 3904—2014《石油化工建设工程项目竣工验收规定》

2.13 Q/SH 0704—2016《建设工程项目档案管理规范》

2.14 Q/SHGD 0109—2018《油气储运建设工程档案管理规范》

2.15 Q/SH 0249—2009《油气田地面建设工程项目竣工资料和交工技术文件编制规定》

2.16 《中国石化建设项目档案验收细则》

2.17 《×××市经济技术开发区建设工程档案管理服务手册》

2.18 《×××公司建设项目档案管理办法》

2.19 项目建设所涉及的其他相关国家、行业、地方标准规范

2.20 经建设单位和工程监理单位审批批准的项目管理手册、程序文件和相关规定

2.21 项目合同的有关规定和建设单位下发的会议纪要、指导意见等

3　总则

3.1　×××项目管理部信息化部（以下简称信息化部）是项目档案的归口管理部门，负责本项目档案管理工作的指导、监督、检查，负责协调各参建单位项目档案管理工作。

3.2　×××项目管理部各部门（以下简称各部门）负责项目前期立项、合同、招投标、财务、结算、审计、试生产、竣工验收等阶段的项目文件材料形成、积累、整理、组卷和归档工作。

3.3　总承包单位、承包单位负责编制项目交工技术文件编制细则，负责审核、检查、监督、指导合同范围内建设项目文件材料的形成、积累、汇总、整理、组卷和归档工作。

3.4　总承包单位负责与施工分包单位、设备供应单位签订的分包合同和设备采购合同（含技术附件）的收集、整理、组卷和归档工作。

3.5　施工单位负责合同范围施工部分的交工技术文件编制、整理、组卷，包括各专业的工程材料质量证明文件、工程检测报告、工程设计变更一览表、工程联络单一览表的汇编，并交总承包单位汇总、移交。

3.6　与建设单位直接签订合同的承包单位，负责收集、积累、整理其合同范围内项目的全部文件，单独组卷和归档。

3.7　监理单位负责对总承包单位"交工技术文件编制细则"的制定工作进行指导和审查；负责审核、检查、监督、指导各自合同范围内建设项目文件材料的形成、积累、整理和归档工作；负责监理文件的形成、积累、整理、组卷和归档工作。E+P+C模式的单项工程中，有多家施工单位时，由监理负责汇总、移交交工技术文件；有多家监理单位时，由合同金额最高的监理单位负责。

3.8　设计单位负责合同范围内设计文件和项目竣工图的形成、积累、组卷和归档工作。

4　归档执行标准规范

4.1　项目文件材料归档范围应满足国家、行业和建设单位相关规范、制度中归档范围的规定，满足项目建成后的利用需求。

4.2　交工技术文件归档范围以《建设工程项目档案管理规范》（Q/SH 0704）为主，《建设项目档案管理规范》（DA/T 28）为补充，详见附件1：×××公司建设项目文件归档范围。

4.3　项目的交工技术文件一般按照《石油化工建设工程项目交工技术文件规定》（SH/T 3503）、《石油化工建设工程项目施工过程技术文件规定》（SH/T 3543）、《建筑工程施工质量验收统一标准》（GB 50300）、《石油化工安装工程施工质量验收统一标准》（SH/T 3508）执行。

4.4 项目储罐工程执行《立式圆筒形钢制焊接储罐施工规范》(GB 50128—2014)、《石油天然气建设工程施工质量验收规范 通则》(SY 4200)系列标准。

4.5 项目长输管道工程执行《油气田地面建设工程项目竣工资料和交工技术文件编制规定》(Q/SH 0249—2009)、《石油天然气建设工程施工质量验收规范 通则》(SY 4200)系列标准。

4.6 项目通信工程部分,通信、无线、视频施工过程资料用表可参考《通信线路工程验收规范》(GB 51171—2016)、《油气储运建设工程档案管理规范》(Q/SHGD 0109—2018)中的附录B.12通信安装工程部分,质量验收使用《石油化工安装工程施工质量验收统一标准》(SH/T 3508),开停工、人员资质、报审报验等通用表格使用《石油化工建设工程项目交工技术文件规定》(SH/T 3503)和《石油化工建设工程项目监理规范》(SH/T 3903)。

4.7 建设工程项目中有关铁路、公路、港口码头、电信、电站、35KV以上送变电工程的交工技术文件内容应按国家相关标准规定执行。

4.8 监理文件按照《石油化工建设工程项目监理规范》(SH/T 3903)要求。

5 案卷编制要求

5.1 项目名称

5.1.1 项目名称:×××项目。

5.1.2 交工技术文件封面的工程名称需要填写完整的工程名称:×××公司×××项目+"×××装置(1010)"+"专业"卷+"裂解单元"(引号内为举例,据实填写)。SH/T 3503等表格右上角工程名称可只填写主项名称,省略"×××项目"字样,即×××装置(装置单元号)。

5.1.3 SH/T 3503等表格右上角单位工程名称采用施工专业名称并严格按质量划分中装置下单位(子单位)工程名称填写,即单位工程名称:钢结构、静设备、动设备、管道、电气、仪表,各承包商、监理、项目分部必须确认单位工程划分工作的准确性。

5.1.4 对于通用部分或跨单位工程部分的工程名称填写,依据施工内容划归所属单位(子单位)工程名称填写,或者指定×××单位(子单位)工程,备注说明通用和跨单位工程的情况。

5.1.5 项目档号编制规则:全宗号-一级类目·二级类目·三级类目·阶段号-顺序号。

其中:

全宗号:TJSH35 ×××公司×××项目管理部。

项目类目细分表见附件2。

阶段号:"5"施工管理,"6"监理管理,"7"设备管理,"8"竣工图。

备注："一级类目"和"二级类目"和"三级类目"之间，用实心圆点连接。

"全宗号"和"类目"和"阶段号"和"顺序号"之间，用短横线连接。

×××项目代码为01。

举例：TJSH35-S4·0142·1010·5-1

5.2 时间要求

5.2.1 交工技术文件（监理文件）可按合同主体或主项单元采取分阶段预移交措施，即工序资料在中交三个月内经审查合格后向信息化部移交，在项目整体档案验收阶段应继续按要求进行整改，办理正式移交。

5.2.2 参建单位在项目中交后六个月内将项目文件向信息化部归档，有尾项工程的应在尾项工程完成后及时归档。

5.2.3 交工技术文件（监理文件）审查程序见2021-TPCC-NGYX-IN-MPR-0006交工技术文件检查验收归档管理程序。

5.3 数量要求

5.3.1 施工文件、监理文件向×××公司档案部门归档纸质正本1套、电子版1套。

5.3.2 竣工图、设备随机资料向×××公司档案部门归档纸质正本1套、电子版2套，还应符合项目运行部门归档要求。

5.3.3 需向地方档案部门移交项目档案的部分，其整理要求和份数应符合×××区城建档案馆的有关规定。

5.4 质量要求

5.4.1 移交的项目档案应保证文字图样内容真实及准确、字迹清楚、图表整洁、签字完备、印章完整、书写材料符合档案归档要求，不可采用红墨水、纯蓝墨水、圆珠笔、复写纸、铅笔等书写材料。

5.4.2 案卷资料不宜过厚，推荐使用3cm、4cm、5cm厚度的档案盒，盒里资料厚度小于盒规格5mm左右为宜。

5.4.3 项目档案文字部分（含表格）成文应采用计算机打印（表格使用模板制作），其中属于结论性的审定意见、责任人签名、日期均采用手写方式，禁止使用私章（含签名章）。交工技术文件各类表格填写时，凡表述性内容空白处应填写"无"，凡数据型内容空白处应填写"—"，表格余下空白处应打印"以下空白"字样或加盖"以下空白"条形章（蓝色印章）。选择部分表格中固定内容时使用"√"，也可手工填写在"□"内。

5.4.4 纸质版交工技术文件的文字资料用纸规格应为A4。SH/T 3503—2017《石油化工建设工程项目交工技术文件规定》附录A~附录H所列表格中表头左侧栏内的字号为标准黑体五号字；表头中部表格名称为宋体加粗三号字；其他各栏文字为标准宋体五号字；录入文字为五号楷体；页边距应按下列规定设置：

（1）竖排版的文件左边距25mm、上边距20mm、右边距20mm、下边距20mm、装订线位置在左侧。

（2）横排版的文件左边距20mm、上边距25mm、右边距20mm、下边距20mm，装订线位置在上部。

5.4.5 项目档案文字部分应采用线绳三孔左侧装订法装订，装订应整齐、牢固，三孔位置分别为：上、下边距各70mm，中间等分，左边距15mm，装订要求不压字，剔除金属物，装订的线头应该放在资料的后面；已成册的文字，保持其原有的面貌；图纸不装订，但应编制页码；按GB/T 10609.3《技术用图 复制图的折叠办法》风琴式折叠成A4幅面，标题栏外露；外文资料宜保持原有的装订形式；横向表格的文字材料，表头朝装订线侧。交工技术文件用A4大小、无字无酸牛皮纸作为封皮和封底，一同装订成册。

5.4.6 小于A4规格的合格证，应将其牢固粘贴或单侧缝制于A4纸上，并在A4纸上注明"本页粘贴合格证多少张"的字样；粘贴时使用白乳胶或胶水，不能使用双面胶。对于大于A4规格的文件，应统一折叠成A4大小进行装订，折叠时以左、下侧为准。

5.4.7 凡为易褪色材料（如复写纸、热敏纸等）形成的文件，应在原件后附一份复印件。复印件要求加盖单位公章确认其有效，原件与复印件的页码连续编写。

5.4.8 卷内文件有书写内容的页面均应编页号，页号应采用打码机打印，要求三位数的连续编码，页号颜色为黑色。印刷成册且带有连续页码的文件及图样，可不编页号；如果小册子在整卷中间的位置，在小册子的首、尾页打上页码即可；如果小册子小于A4纸，应粘在A4纸上，页码按小册子页号计算，不算A4纸。以卷装订的案卷，页号应从1顺序编号；以件装订的案卷，按件独立编写页号。页号编写位置为：单面书写文件在右下角；双面书写文件，正面在右下角，背面在左下角。页号编写位置以装订方向为准，与纸张书写方向无关；图纸的页号编写在右下角，如右下角没有空余地方，可编写在图纸标题栏外右上方。

5.4.9 原材料分零使用时，其质量证明文件原件或复印件上应记录材料分零的使用部位和数量，质量证明文件的复印件应加盖原材料供应部门的专用印章。

5.5 竣工图编制要求

5.5.1 竣工图由设计单位负责编制、组卷和移交归档。竣工图应编制综合卷，综合卷内需有总目录和总分目录。

5.5.2 竣工图应完整、准确、规范、清晰、修改到位，真实反映项目竣工时的情况。设计单位应提供设备专业的全套图纸，包括零部件图和总装配图。

5.5.3 施工单位将设计变更、工程联络单等涉及变更的全部文件汇总后经监理审核，作为竣工图编制的依据；综合卷应归档"设计变更与竣工图修改对照表"。图纸中修改部分应用云线圈画，并注明对应的设计变更单号。

5.5.4　竣工图交工技术文件说明的内容应包括：竣工图涉及的工程概况、编制单位、编制依据、变更情况（发生变更时）、竣工图的卷数和每卷的内容等。

5.5.5　仪表专业接线图、回路图需完整准确，DCS组态资料、I/O表应完整准确归档。

5.5.6　施工图有变更的应绘制竣工图，签署栏中的版次号标注为"J版"；部分施工图无变更的，终版施工图作为竣工图，目录标注为"J版"；按图施工整套设计文件无变更的，终版施工图作为竣工图，目录标注J版作为竣工图，并加以说明。

5.5.7　竣工图签署与注册章，按中国石化SHSG-046—2005《工程设计文件签署规定》执行。建筑、结构、造价专业图纸需加盖个人专项资质章，压力容器、压力管道应加盖相应的资质章。签署范围按详细设计文件签署范围执行。

5.5.8　设计单位将项目竣工图电子版交监理和业主无误后，才能正式出版蓝图。

5.5.9　竣工图绘制完成后，应送监理单位逐张（包括图纸目录）加盖竣工图审核章并签署（严禁代签），竣工图审核章样式按DA/T 28—2018中"竣工图审核章"的示例制作。竣工图审核章应加盖在图纸正面标题栏正上方空白处；如无空白处，可加盖在图纸正面标题栏左方空白处；再无空白处，则加盖在图纸标题栏背面空白处。注意竣工图审核章边框不得超过竣工图的边框线，加盖使用不褪色的红色印泥油，不得污损图纸。

5.5.10　利用以前项目的图纸或本设计院的院标复用标准图的重复利用图，应编入竣工图中，并加盖竣工图审核章。组卷时，置于本专业图纸的最后。

5.5.11　竣工图案卷整理时应保持原设计文件的整体性。装订：图纸不装订；文表类（如图纸目录、综合材料表、规格表、说明书等）超过5页需装订，横向表格的文字材料，表头朝装订线侧。采用线绳三孔左侧装订法装订，三孔位置分别为：上、下边距各70mm，中间等分，左边距15mm，装订要求不压字，装订的线头应该放在资料的后面。竣工图综合卷都是目录和文字材料，所以要求装订成一本；专业卷内如果一盒内出现几张文字、几张图，再几张文字、几张图的排列情况，不要将所有文字材料抽出装订。

5.5.12　页号：案卷封面、卷内目录、卷内备考表不打页码，从"交工技术文件封面"开始编写页码，页号应从001顺序编号。图纸的页号，编写在图纸标题栏的右下角。如右下角没有空余地方，可编写在图纸标题栏外右上方；文表类的页号，编写位置以装订方向为准，与纸张书写方向无关。单面书写文件在右下角；双面书写文件，正面在右下角，背面在左下角。各档案盒之间，不能连续编写页码。页号应采用打码机打印，要求三位数的连续编码，页号颜色为黑色。

5.5.13　竣工图电子版如满足下述要求，可由设计底图转换生成：

（1）监理在审核竣工图电子版无误后，每专业签署一枚竣工图审核章，扫描后发给设计单位，由设计单位按专业将竣工图审核章粘贴在电子版竣工图的每张图纸上。

（2）将竣工图审核章彩扫图逐一粘贴在竣工图上，图章样式、大小、签署（姓名与日期）应保持与蓝图上相一致，粘贴时竣工图和竣工图审核章的显示比例应相同。

（3）设计院签署承诺书，承诺对所交付电子版竣工图内容、签署以及文件的准确性、完整性、可用性负责，电子版竣工图文件的编制内容与纸版竣工图内容一致。

5.5.14　如设计院不能满足5.5.13的要求，竣工图电子版需为加盖竣工图审核章并完成签署、加打页码后的彩色扫描件。

5.6　卷内目录要求

5.6.1　序号：序号采用阿拉伯数字，从"1"起依次标注卷内文件的顺序，一个文件一个号，序号以实际数据结束为止。

5.6.2　文件编号：应填写文件文号或型号或图号或代字、代号等。

5.6.3　责任者：应填写文件形成者或第一责任者、总承包方式，资料为施工单位编制的，责任者应填写总承包单位。

5.6.4　文件题名：第一行，虽然SH/T 3503-J101的名称只有两个字"封面"，但是为了便于检索，应细化此条题名，应写为：案卷题名+"封面"。

5.6.5　日期：应填写文件形成的时间，格式为"××××-××-××"；如果一份文件由多页组成，且形成日期不同，那么，采用这份文件首页的最晚日期作为此文件的日期。

5.6.6　页次：

（1）页次应填写每份文件首页上标注的页号，页次从"1"开始。

（2）页次最后一条格式特殊，应填写该文件的起止页，格式为"×××—×××"。

（3）如果最后一条仅为一页，也应写成"×××—×××"的形式，以此标志文件的终止。

（4）按卷整理时写页次，页次应写起始页；按件整理时写页数，按件独立编写页号，页数填每件的总页数。

（5）增页不应出现在卷内目录的页次一栏内。

5.6.7　备注：备注用于填写归档文件需要补充和说明的情况，包括密级、缺损、修改、补充、移出、销毁等。据实填写，没有的可以空着。如果需要说明的内容较多时，在备注栏加注"*"，具体内容填在盒内备考表中。

5.6.8　电子版采用Excel文件格式，录入文字为10号宋体；"序号""日期""页数"栏采用"居中"的排列方式，"文件编号""责任者""文件题名""备注"栏采用"左对齐"的排列方式。

5.6.9 卷内目录不装订，不编页号。

5.7 备考表要求

5.7.1 卷内备考表，要求使用A4纸打印。

5.7.2 "说明"：

应注明："本案卷内科技文件材料共1件，共计212页，其中文字材料200页，图纸12页，照片0张。该案卷对应的电子文件以光盘形式移交档案室。"

5.7.3 增页超过5个的需重新打码，少于5个的，在备考表中要机打注明"本文件第120-1、120-2页为增页，实际卷内总页数为330页"。

5.7.4 竣工图中目录中的标准图存于其他卷中时，在备考表要机打标注：目录中图号为10-AD8001的图纸为标准图，该图在×××项目×××卷中的第×页。

5.7.5 立卷人、检查人：必须手签，盖姓名章无效。

5.7.6 电子版采用Word文件格式，录入文字为3号宋体。

5.7.7 备考表不装订，不编页号。

5.8 电子版要求

5.8.1 电子文件的内容应与纸质版文件的内容保持一致。

5.8.2 电子版文件要求为PDF格式。

5.8.3 电子文件保存的介质可为光盘或移动硬盘，光盘或移动硬盘的保管期限与纸质文件的保管期限一致。

5.8.4 页面整洁，文字、图样、页号清楚，对于横向书写页面要求旋转到位，便于提供查阅利用。

5.8.5 设置一个文件夹，以项目的全称作为文件夹名；在此文件夹内，再设置两个子文件夹，名称分别为"电子原文"和"移交清册及其他"。

5.8.6 "电子原文"文件夹：每卷为一个文件夹，文件夹名由数字序号加卷名组成；文件夹内以纸版卷内目录的序号为编制单元，电子文件以对应的自然数序号命名，电子文件为PDF格式。

5.8.7 "移交清册及其他"文件夹：放置移交清册首页（Word格式）、移交清册续页（Excel格式）、归档电子文件移交检验登记表（一）（Word格式）、卷内封皮（Word格式）、卷内备考表（Word格式）、卷内目录（Excel格式）、上传模板（Excel格式）。

5.9 声像资料要求

5.9.1 项目声像资料由建设单位项目分部、总承包单位（施工单位）、监理单位分别形成和移交，内容侧重点不同，不可互相复制。

5.9.2 项目管理过程中要收集声像资料，主要涉及重要节点（开工、中交、三查四定）、工程前期地貌、隐蔽工程、重大事件（审查会议、大型设备吊装、安全事件）、专题会、开工竣工会议、装置全貌等。

5.9.3 声像资料包含照片和视频。照片采用JPEG、TIFF格式，需注明事由、时间、地点、人物、背景、摄影者，需筛选部分照片冲洗成册；视频采用MPEG或AVI格式。

5.10 移交手续要求

5.10.1 移交单位制作"上传模板"，刻入移交光盘中（无须打印成纸版）。

5.10.2 上传模板请勿插入函数。

5.10.3 上传模板为Excel表，分为两个工作表，一个是"基建档案－案卷级模板"，另外一个是"基建档案－文件级模板"。两个工作表都要填写。

5.10.4 应制作移交清册首页，移交清册首页左上角"工程项目"一栏，在项目名称后添加文件类型（如添加"施工文件""监理文件""竣工图"等字样）；"甲方单位"和"审核人"，应与SH/T 3503的封面的盖章签字一致。应加盖移交单位公章，单位名与公章名一致；"乙方单位"和"移交人"，应由移交单位填写、盖章、签字；"接收部门"为"中国石油化工股份有限公司×××分公司信息档案管理中心"，"接收人""审核人""时间"由建设单位档案管理人员填写。"移交总数"由移交单位填写。"移交总数"不允许划改。

5.10.5 应制作移交清册续页。施工、监理、设计单位应制作归档电子文件移交、检验登记表（一）：内容填写"合格"等结论性语句，不写"无"，需手写，不能机打。

5.10.6 移交清册首页、移交清册续页、归档电子文件移交检验登记表（一），此三张表格要求一式两份，一份由信息化部保存，一份由移交单位保存。

6 案卷组卷要求

6.1 总则

6.1.1 项目实行总承包的部分，由各分包单位负责其分包项目交工文件的编制、整理、组卷，总承包单位负责审核、汇编分包单位的交工技术文件，并编制项目综合卷，须归档总承包单位与分包单位和设备供应单位签署的合同及技术附件。由总承包单位统一提交给项目分部进行审核，合格后向信息化部移交。

6.1.2 由建设单位直接分包的工程项目，由各分包单位负责其分包项目交工文件的编制、整理、组卷，经项目分部审核，按工序移交或在中交后六个月内向信息化部移交。

6.1.3 甲方采购的设备，其随机文件由物资供应部负责收集、积累、整理、向信息化部归档；材料质量证明文件由领用方按要求归档。乙方设备、材料采购的文件资料由乙方按要求归档。

6.1.4　项目档案分类组卷原则应遵循案卷内文件的自然形成规律和成套性特点，按装置（单元）-阶段-专业-单位工程-内容进行分卷，保持卷内文件的有机联系，做到分类科学、组卷合理，便于档案的保管和利用。

6.1.5　设备类档案以装置（单元）内的单台设备或同类型单组设备为保管单位进行组卷。

6.1.6　档案案卷之间不连续编写页码，每卷的起始页码均从"1"开始编写。

6.1.7　案卷封面、卷内目录、备考表采用GB/T 11822《科学技术档案案卷构成的一般要求》的统一格式用计算机编制打印，档案装订外皮由信息化部统一样式。

6.1.8　档案装具由信息化部提供统一样式，应符合国家标准的规定。

6.2　施工文件

6.2.1　项目施工文件按单项工程进行分类组卷，分别是：综合卷、土建工程卷、设备安装工程卷、管道安装工程卷、电气安装工程卷、仪表安装工程卷、消防专业工程卷、电信工程卷等。组卷及文件排序可参考附件1：×××公司建设项目文件归档范围。

6.2.2　综合卷：各类综合性文件，由联合总包牵头单位进行组卷。

6.2.3　专业卷：由各承包商负责在合同范围内，按单位工程组卷。组卷顺序及要求执行Q/SH 0704—2016 及SH/T 3503—2017。组成多卷时第一卷为专业综合卷，应包括：工程施工开工报告、焊工、无损检测人员登记表、工程设计变更一览表及设计变更单、工程联络单一览表及工程联络单、工程中间交接证书、其他文件。

（1）土建工程施工卷：含土建、钢结构等，按单位工程、分部工程、分项工程的顺序组卷，卷内文件应按施工物资材料、施工记录、施工试验记录、过程质量验收记录等文件组卷。

（2）设备安装工程卷：按单位工程、分部工程、分项工程顺序组卷，动、静设备分别组卷；整体到货的设备，卷内文件应按设备类别、位号、施工工序顺序组卷。每台（组）设备按设备开箱、基础复测、设备安装、垫铁隐蔽、检测、试验、内件安装、隐蔽验收、单机试车（动设备）等工序形成的记录、报告的顺序汇集成卷。同一设备的附属设备、附属设施及保温、保冷、脱脂、防腐及隔热、耐磨衬里等应一并编入；现场组焊的锅炉、工业炉、压力容器、储罐等设备施工文件应单台组卷；大型机组现场组装的施工文件及成套设备现场安装的施工文件应单独组卷。

（3）管道安装工程卷：管道安装施工文件宜按试压包组卷，试压包的内容应包括流程图、轴测图、管道焊接工作记录、管道焊接接头热处理报告、硬度检测报告、金属材料化学成分分析检验报告、管道无损检测报告及检测结果汇总表、管道无损检测数量统计表、管道系统压力试验条件确认记录、管道系统压力试验记录，管道试压包一览表按管道编号排列顺序填写并置于案卷中；管道组成件验证性和补充性检验记录、阀门试验确认表、安全阀调整试验记录、弹簧支/吊架安装检验记录、管道补偿器安装检验记录、安全附件安装检验记录、管道静电接地测试记录、管道焊接接头热处理曲线、管道系统泄漏性/真空试验条件确认与试验记录及管道吹扫/清洗检验记录等管道安装施工文件等，如不便于列入试压包，可分类汇编组卷；管道安装工程中的防腐、保温、保冷等施工文件宜单独组卷。详见附件1：×××公司建设项目文件归档范围中的工作表"试压包目录"。

（4）电气安装工程卷：安装检验（质量验收）记录、隐蔽工程记录及接地电阻测量记录等文件按单位工程、分部工程、分项工程顺序整理，按供配电系统设备、系统位号、安装工序等顺序组卷；电气设备质量证明文件及随机资料可按设备类别分别组卷，也可按设备位号单独组卷；电气材料质量证明文件按材料类别、品种、规格等顺序组卷。

（5）仪表安装工程卷：仪表安装工程中的调试记录、安装检验记录应按单位工程、分部工程、分项工程顺序整理，按控制、检测回路位号顺序组成卷，或仪表控制系统安装文件单独组卷；仪表设备质量证明文件及随机资料应按设备类别组卷，也可按设备位号组卷，开箱检验记录一并归入；仪表材料质量证明文件应按材料类别、品种、规格等顺序组卷。

（6）各专业材料质量证明文件组卷时应编写材料质量证明文件一览表，材料质量证明文件按一览表中的顺序依次排列。

（7）向监理报审的各类报审表与报审的施工文件一起由施工单位在交工技术文件中整理组卷，并负责移交归档。

6.3　监理文件

6.3.1　监理文件按事项、时间组卷，质量、进度、投资、安全等控制文件按单位工程组卷，可分为综合卷、监理文件卷、设备监理文件卷。

6.3.2　检测单位资质、人员资质、方案和机具报审资料由监理单位归档。

6.3.3　监理日志采用SH/T 3903—2017《石油化工建设工程项目监理规范》中规定的表格，即SH/T 3903-A.14监理日志，监理工程师和总监理工程师在表格最下面一栏签字，加盖监理单位项目部章。

6.3.4　见证取样记录应完整、系统。

6.4　竣工图

6.4.1　竣工图按卷整理时应保持原设计文件的整体性，按项目－专业－主项整理组卷。

6.4.2　竣工图需编制综合卷。综合卷应包括内封面、卷内目录、交工技术文件封面、交工技术文件总目录、交工技术文件说明、竣工图图纸总目录、竣工图图纸总分目录、工程质量事故处理方案报审表（发生时）、重大质量事故处理报告（发生时）、设计变更与竣工图修改对照表、工程设计资质证书、注册建筑师注册证书、注册结构师注册证书、工程变更一览表、项目设计总结、交工技术文件移交证书、卷内备考表。

6.4.3 竣工图专业卷应包括案卷封面、卷内目录、交工技术文件封面、交工技术文件目录、交工技术文件说明、竣工图图纸目录、竣工图、卷内备考表。

6.4.4 竣工图不装订。叠图要求：竣工图首先要沿着图纸的标准线，将线外的边裁掉。竣工图应按GB/T 10609.3《技术制图 复制图的折叠方法》的要求统一折叠成A4幅面。图样向内，白面向外，保证图标栏在竖向的右下角。先将图纸折叠成高297mm，图标栏外露，然后再按手风琴式折叠成宽210mm。

6.4.5 整理组卷时，案卷一卷的厚度一般不应超过5cm；竣工图案卷整理好后，进行案卷编目。

7 交工技术文件（监理文件）的汇总、审核和验收

7.1 交工技术文件汇总

项目各分包单位负责将审查合格的交工技术文件提交联合总承包单位牵头单位汇总。

7.2 项目交工技术文件（监理文件）的审核和验收

项目交工技术文件需经过初审、复审、预验收、档案验收四个阶段的审核验收。参见：2021-TPCC-NGYX-IN-MPR-0006《交工技术文件检查验收归档管理程序》。

7.2.1 初审：在工程中间交接后，承包单位完成整理、组卷等，先由总包单位审核，具备审查条件再提交监理审核。监理单位应在初审后给出审查意见，由承包单位整改。

7.2.2 复审：不符合项已整改、复查、关闭后，方可提交项目分部交工资料验收联合审查小组进行复审，承包单位对复审发现的不符合项完成整改后提交档案部门进行预验收。

7.2.3 预验收：档案部门对交工技术文件进行审查，提出审查意见，承包单位整改完成后，组织质量监督站、项目分部、监理单位、设计单位等进行预验收。预验收给出审查意见，承包单位整改完成且检查合格后，参加预验收的相关单位在"交工技术文件（监理文件）预验收会审单"上签字并盖章。承包单位应在15天内装订成册、制作电子文件等，并向汇总单位移交。汇总单位收集齐后，向档案部门移交全部交工文件。

7.2.4 档案验收：经过预验收合格的交工技术文件移交归档后，档案部门在2个月内整理完毕，向集团公司综合管理部提出档案验收申请，进行档案验收。监理单位应在档案验收首次会上汇报对项目交工技术文件的审查情况，各参建单位应派代表全程参与验收过程。

7.2.5 档案验收结束后，参建单位应在15天内完成对档案验收专家提出问题的整改，档案部门在一个月内完成案卷的整改和上架工作。

8 附件部分

附件1：×××公司建设项目文件归档范围

附件2：×××项目类目细分表

附件3：交工技术文件模板汇总

附件3三页1：内封面

附件3三页2：卷内目录

附件3三页3：卷内备考表

附件3审查1：审查意见记录表

附件3审查2：预验收会审单

附件3移交1：移交清册（首页）

附件3移交2：移交清册（续页）

附件3移交3：归档电子文件移交、检验登记表（一）

附件3移交4：上传模板

附件3移交5：声像档案上传模板

附件3综合1：监理文件封面（3503—J101A）

附件3综合2：交工技术文件封面（3503—J101A）（非总承包项目施工文件用A表）

附件3综合3：交工技术文件封面（3503—J101A）（非总承包项目竣工图用A表）

附件3综合4：交工技术文件封面（3503—J101A）（非总承包项目随机资料用A表）

附件3综合5：交工技术文件封面（3503—J101B）（总承包项目施工文件用B表）

附件3综合6：交工技术文件封面（3503—J101B）（总承包项目竣工图用表）

附件3综合7：交工技术文件封面（3503—J101B）（总承包项目随机资料用表）

附件3综合8：交工技术文件总目录（3503—J102）

附件3综合9：交工技术文件目录（3503—J103）

附件3综合10：交工技术文件说明（3503—J104）

附件3综合11：交工技术文件移交证书（3503—J108A）（非总承包项目用A表）

附件3综合12：交工技术文件移交证书（3503—J108B）（总承包项目用B表）

附件3综合13：交工技术文件移交清单

附件3综合14：工程变更一览表（3503—J110）

附件3综合15：设计变更与竣工图修改对照表

附件3综合16：重大质量事故处理报告（3503—J109）

附件3综合17：声像档案归档目录（模板）

×××工程项目交工技术文件编制方案

一、适用范围

本方案适用于×××工程项目交工技术文件的编制、整理、组卷和移交归档工作。

二、项目名称及项目划分

1.项目名称：

×××工程。

2.单项工程划分情况：

本项目共划分为两个单项工程：

（1）××工程项目（迁建）：包括库内施工、检测、监理等。

（2）××工程（配套）：包括库外管网施工、检测、监理等。

3.单位工程划分情况：

本项目划分××个单位工程（见单位工程及划分表）

三、编制依据

GB/T 11822—2008《科学技术档案案卷构成的一般要求》

GB 50300—2013《建筑工程施工质量验收统一标准》

GB/T 50328—2014《建设工程文件归档规范（2019年版）》

GB/T 18894—2016《电子文件归档与电子档案管理规范》

DA/T 28—2018《建设项目档案管理规范》

Q/SH 0704—2016《建设工程项目档案管理规范》

SH/T 3903—2017《石油化工建设工程项目监理规范》

SH/T 3503—2017《石油化工建设工程项目交工技术文件规定》

SY/T 6882—2012《石油天然气建设工程交工技术文件编制规范》

SH/T 3543—2017《石油化工建设工程项目施工过程技术文件规定》

SH/T 3508—2011《石油化工安装工程施工质量验收统一标准》

SY 4200—2007《石油天然气建设工程施工质量验收规范 通则》

《房屋建筑和市政基础设施工程档案资料管理规范》、DGJ32/TJ 143等标准、规范编制条目与模板的软件格式。

土建工程中的钢结构、房屋建筑工程及其附属建筑电气、暖通、建筑智能化等交工技术文件内容应执行建设工程项目所在地建设行政主管部门的规定，设备基础、构筑物工程交工技术文件内容执行SH/T 3503—2017《石油化工建设工程项目交工技术文件规定》、SH/T 3543—2017《石油化工建设工程项目施工过程技术文件规定》。

四、交工技术文件的质量要求

1.交工技术文件应完整、准确，案卷整理、编目、签证应规范。所有签字栏、意见栏必须由责任人手签，不得代签。承包商在项目管理过程中使用"项目专用章"的应出具其公司发出的专用章授权文件，并将授权文件归入施工管理综合卷。

2.项目文件须符合国家有关工程勘察、设计、施工、监理、检测等技术规范、标准。

3.项目文件应及时收集，确保文件准确、有效，并能全面反映工程建设活动和工程实际状况。

4.项目文件载体应满足长期保存的要求，不得使用热敏纸、可擦除光盘等不利于长期保存的材料或载体。

5.归档的项目文件应为原件，因故用复制件归档时，应加盖复制件提供单位的公章或档案证明章，确保与原件一致。

6.书写材料应采用耐久性强的，不得使用易褪色的书写材料。

7.项目文件应字迹清楚、图表清晰、编号规范、签字盖章完备。

8.数码照片像素应在800万以上，单幅照片不小于3M。

9.同一建筑物、构筑物重复的标准图、通用图可不编入竣工图中，但应在图纸目录中列出图号，指明该图所在位置并在编制说明中注明；采用同一标准图、通用图进行施工和安装的不同的建（构）筑物、机组等没有发生变更的，可编制一套通用的竣工图；施工、安装过程中发生变更的，应对变更的部位单独编制竣工图。

10.外文资料或图纸的题名、目录应译成中文；成批的外文资料或图纸应有中文说明及中文清单。

五、交工技术文件的编制

1.各施工单位根据建设单位的交工技术文件编制方案，制定交工技术文件编制细则，报监理、建设单位、档案部门审核。

2.施工单位负责工程材料、设备的交工资料整理。

3.设备、管道、电气、仪表、钢结构、电信等的专业施工质量验收文件按照SH/T 3508—2011《石油化工安装工程施工质量验收统一标准》同步进行编制。

　　4.建设工程项目的参建单位应与工程进度同步形成、积累、编制交工技术文件，并应符合下列规定：

　　（1）施工单位负责施工部分交工技术文件的编制，包括各专业的工程材料质量证明文件、工程检测报告、工程设计变更一览表、工程联络单一览表的汇编。

　　（2）设计单位负责竣工图的编制和移交。

　　（3）采购单位负责锅炉、起重机械、塔、容器、反应器、冷换设备、动设备、成套设备等具有特定设备位号的设备出厂资料的编制、组卷和移交。

　　（4）检测单位负责无损检测报告和其他检测报告的编制、组卷及移交。

　　（5）BEPC联合体总承包单位应按合同要求向业主提交相应的设计文件（勘察设计报告、基础设计文件，详细设计文件及竣工图等），并负责联合体资质文件、管理与计划文件、总结等的编制、组卷与归档移交。

　　（6）监理单位负责交工技术文件的真实性、完整性的审核，负责项目监理文件的编制。

　　5.交工技术文件除产品技术文件和设备质量证明文件、材料质量证明文件外，宜用计算机编制，责任人员应用符合档案要求的书写工具签字确认，且应做到字迹清晰、签章完整。

　　6.设备、管道检测报告和无损检测结果汇总表应符合下列规定：

　　（1）设备无损检测报告应按设备位号编制，应有焊缝编号（射线检测报告还应有片位号）、焊工代号、返修及扩探等可追溯性标识，并附检测位置示意图。

　　（2）管道无损检测结果汇总表应按管道编号编制，应有焊缝编号、固定焊焊接位置标记、焊工代号、返修及扩探等可追溯性标识。

　　（3）材料、配件的检测报告按材料、配件的种类编制，应有质量证明文件编号、炉/批号、检件编号等可追溯性标识。

　　7.施工单位应按管道编号确认管道焊接接头实际无损检测比例，在管道轴测图或焊缝布置图上标识焊缝编号、施焊焊工代号、固定口位置、检测焊缝位置及无损检测种类、返修标识，也可在轴测图空白处集中标识或附表。

　　8.纸版交工技术文件用纸规格应为A4（297mm×210mm）。其中：

　　8.1　文字材料：

　　（1）封面格式：

　　题名：上空三行，二号加粗黑体字，居中，分一行或多行居中排布，回行时要做到词义完整、排列对称，行距设置为固定值45磅。

　　落款（单位署名、日期等）：下空三行，三号加粗黑体字，左对齐、空四格，行距为30磅。

注：单位署名要与印章名称一致，日期在落款单位署名下方，用阿拉伯数字将年、月、日标全，年份应当标全称，月、日不编虚位（即"1"不编为"01"）。

（2）正文格式：

（a）标题上、下各空一行，采用三号加粗宋体字，居中。

（b）章的标题采用小四号加粗宋体字。

（c）条的标题采用五号加粗宋体字。

（d）条的内容采用五号宋体字。

（e）行距为1.5倍。

8.2 文件表格：

表头左侧栏内的字号为标准黑体五号字；表头中部表格名称为宋体加粗三号字；其他各栏文字为标准宋体五号字；录入文字为五号楷体。

8.3 页边距设置：

（1）竖排版的文件左边距25mm、上边距20mm、右边距20mm、下边距20mm，装订线位置在左侧。

（2）横排版的文件左边距20mm、上边距25mm、右边距20mm、下边距20mm，装订线位置在上部。

9.竣工图页边距执行GB/T 14689。

10.项目竣工图编制应符合下列规定，详见附件：竣工图编制要求。

11.电子版交工技术文件应符合下列规定：

（1）交工技术文件电子版应与其对应的纸质版一致，其归档格式应符合GB/T 50328要求。

（2）交工技术文件电子版应以纸质版卷内目录中的序号为编制单元，一个序号的文件为一个电子文件，一卷为一个文件夹，文件夹名称与对应纸质版案卷卷名应相同。

12.工程影像记录：

各参建单位对各阶段关键工序、隐蔽工程、重要节点、重要部位、重大活动等进行声像档案的收集、整理、归档。

六、交工技术文件的整理、组卷

1.交工技术文件的整理包括分类组卷、编目、装订等环节，各卷内均应有案卷封面、卷内目录、交工技术文件封面和交工技术文件说明，并加入备考表。

2.交工技术文件由整理单位按单项工程编制。施工文件、材料质量证明文件、设备出厂资料、竣工图应按专业分类。

3.施工文件可设单项工程施工管理综合卷，并按土建工程、设备安装工程、管道安装工程、电气安装工程、仪表安装工程等专业分类组卷。各专业文件较多时，可按单位工程、子单位工程、分部工程等组卷。

4.起重机械、电梯、压力管道、现场组焊的锅炉和压力容器等特种设备安装工程的交工技术文件应单独组卷。

5.下列文件可归入施工综合卷：

（1）工程施工开工报告。

（2）工程中间交接证书。

（3）重大质量事故处理报告（发生时）。

（4）单位工程质量验收记录（分部工程和分项工程质量验收记录编入专业工程综合卷）。

（5）施工图会审记录、施工组织设计、施工方案等。

（6）施工项目部组建、印章启用、人员任命文件，企业资质及进场人员资质、施工设备仪器进场报审文件等。

（7）其他文件。

6.土建工程、设备安装工程、管道安装工程、电气安装工程、仪表安装工程等专业施工文件卷可根据文件内容组成一卷或多卷。组成多卷时第一卷宜为专业综合卷，下列文件可归入专业综合卷：

（1）工程施工开工报告。

（2）焊工、无损检测人员登记表、人员资质。

（3）施工图会审记录、施工方案等。

（4）工程设计变更一览表及设计变更单。

（5）工程联络单一览表及工程联络单。

（6）工程中间交接证书。

（7）其他文件。

7.土建工程施工卷除执行专业综合卷规定外，尚应符合下列规定：

（1）施工文件宜按单位工程、分部工程、分项工程顺序组卷。

（2）卷内文件应按施工物资资料、施工记录、施工试验记录、过程质量验收记录等文件组卷。

8.设备安装工程施工卷除执行专业综合卷规定外，还应符合下列规定：

（1）按单位工程、分部工程、分项工程顺序组卷，动、静设备分别组卷。

（2）整体到货的设备，卷内文件应按设备类别、位号、施工工序顺序组卷。每台（组）设备按设备开箱、基础复测、设备安装、垫铁隐蔽、检测、试验、内件安装、隐蔽验收、单机试车（动设备）等工序形成的记录、报告的顺序汇集成卷。同一设备的附属设备、附属设施、脱脂、防腐、保温、保冷及隔热耐磨衬里等施工文件宜一并编入主设备施工卷。

设备附属钢结构（包括钢平台、钢爬梯等）施工记录文件应采用SH/T 3543—2017《石油化工建设工程项目施工过程技术文件规定》附录B的相应表格填写，归入设备施工文件中，并统一组成设备钢结构文件卷。

（3）现场组焊的锅炉、工业炉、压力容器、储罐等设备施工文件应单台组卷。

（4）大型机组现场组装的施工文件及成套设备现场安装的施工文件应单独组卷。

9.管道安装工程施工卷除专业综合卷规定外，还应符合下列规定：

（1）管道材料质量证明文件及复验报告可分类组卷，材料质量证明文件一览表按管道材料质量证明文件排列顺序填写并置于案卷中。

（2）管道安装施工文件宜按试压包组卷，且试压包的内容应包括流程图、轴测图、管道焊接工作记录、管道焊接接头热处理报告、硬度检测报告、金属材料化学成分分析检验报告、管道无损检测结果汇总表、管道无损检测数量统计表、管道系统压力试验条件确认记录、管道系统压力试验记录，管道试压包一览表按管道编号排列顺序填写并置于管道专业施工综合卷中。

（3）管道组成件验证性和补充性检验记录、阀门试验确认表、安全阀调整试验记录、支吊架安装检验记录、管道补偿器安装检验记录、安全附件安装检验记录、管道静电接地测试记录、管道焊接接头热处理曲线、管道系统泄漏性试验记录及系统吹扫清洗记录等管道安装施工文件等，如不便于列入试压包，可分类汇编组卷。

（4）管道安装工程中的防腐、保温、保冷等施工文件宜单独组卷。防腐、保温、保冷、脱脂等单独委托施工的，应单独组卷提交。

10.电气安装工程施工卷除应执行专业综合卷规定外，还应符合下列规定：

（1）安装检验（质量验收）记录、隐蔽工程记录及接地电阻测量记录等文件宜按单位工程、分部工程、分项工程顺序整理，按供配电系统设备、系统位号、安装工序等顺序组卷。

（2）电气设备质量证明文件及随机资料可按设备类别分类组卷，也可按设备位号单独组卷。

（3）电气材料质量证明文件按材料类别、品种、规格等顺序组卷。

11.仪表安装工程施工卷除应执行专业综合卷规定外，还应符合下列规定：

（1）仪表安装工程中的调试记录、安装检验记录宜按单位工程、分部工程、分项工程顺序整理，按控制、检测回路位号顺序组成卷或仪表控制系统安装文件单独组卷。

（2）仪表设备质量证明文件及随机资料应按设备类别组卷，也可按设备位号组卷，开箱检验记录一并归入。

（3）仪表材料质量证明文件应按材料类别、品种、规格等顺序组卷。

12.各专业材料质量证明文件组卷时应编写材料质量证明文件一览表，材料质量证明文件按一览表中的顺序依次排列。一览表中的"自编号"填写为：报验单位编号＋报验文件序号。

13.设备出厂资料组卷应符合下列规定：

（1）按单台或成套采购的设备，宜单台或成套设备组卷。

（2）设备出厂质量证明文件、设备使用维护说明书及图纸等技术资料应归档原件，且应按设备开箱检验记录、设备出厂质量证明文件、设备使用维护说明书、图纸的顺序排列，归档组卷时可不做拆分或合并装订。

（3）设备存在质量问题在施工现场进行整改的，相关整改及验收文件应一并编入。

14.竣工图编制要求（附竣工图编制要求）：

（1）竣工图宜按设计文件目录顺序编制竣工图综合卷和文件卷，并配有竣工图编制说明。

（2）竣工图应按GB/T 10609.3统一折叠成A4幅面，图标栏应外露。

（3）竣工图编制完成后，监理单位应对竣工图编制的完整、准确、系统和规范情况进行审核。

（4）竣工图章、竣工图审核章应使用红色印泥，盖在标题栏附件空白处。图章中的内容应填写齐全、清楚，应由相关负责人签字，不得代签；经建设单位同意，可盖执业资格印章代替签字。

15.检测单位资料组卷应符合下列规定：

（1）无损检测单位负责编制无损检测综合卷和技术卷。

（2）建设单位委托第三方编制的检测报告，如桩基检测等，由相应的施工单位完成组卷。

16.案卷编目应符合GB/T 11822的规定，页号的编写应符合下列规定：

（1）卷内项目文件以件为单位编写页号，以有效内容的页面为一页。

（2）已有页号的文件（印刷成册的文件及图样）可不再重新编写页号。

（3）案卷封面、卷内目录、卷内备考表不编写页号。

（4）页号编写位置：单面书写文件在右下角；双面书写文件，正面在右下角，背面在左下角。

（5）卷内文件编页要连续，不可中断、漏页，页号编制用黑色碳素笔；出现漏编时，增页超过5个的需要重新编写页码，少于5个的，延续接着上一页"-1""-2"等方式，例如"133-1""133-2";在最后一页用"—"划掉原页码,按上方规范书写正确页码,备考表中填写页数增加情况及总页数说明(如"本卷第133-1、133-2页为增页,实际卷内总页数为330页")。

(6)各装订单位之间不应连续编页号,均应从"1"开始按顺序编号(含竣工图)。

17.案卷装订应符合下列规定:

(1)项目前期文件和竣工验收文件宜按件装订;交工技术文件、监理文件宜按卷装订。

(2)以件为单位装订的应在每件首页右上方空白处加盖档号章。

(3)幅面大于A4的文件应按GB/T 10609.3规定折叠,叠放整齐,严禁乱涂或掉页等。

(4)案卷装订不宜过厚,以≤4cm为宜(包括竣工图)。

(5)装订及裁切不得损坏文件信息。

七、交工技术文件的交付与归档审查

施工单位按照交工后3个月初步归档、6个月档案验收的目标,安排交工技术文件编制进度。交工技术文件收集、编制和整理后,应依次由编制单位、监理单位、质监机构对文件的完整、准确情况和案卷质量进行审查或三方会审,经建设单位工程管理部门确认并办理交接手续后,连同审查记录全部交档案管理部门(附建设工程项目归档审查记录)。

八、项目监理文件

1.监理单位要按照SH/T 3903—2017《石油化工建设工程项目监理规范》、Q/SH 0704—2016《建设工程项目档案管理规范》规定的内容编制项目监理文件。

2.监理单位在同步做好各专业平行检验记录、旁站记录、见证取样记录(台账)及工程进度款支付等资料归档的同时,要编制各类报验单汇总表。

3.监理日志必须按专业填写,并按专业组卷。各专业监理日志的日期时间必须连续。监理日志中,专业监理人员和项目总监必须签署到位。

4.监理指令、通知单、联系单、回复单必须齐全且相互对应。各类会议纪要应收集齐全,人员签到表要原件,签署字迹要符合规范要求。应注意第一次工地会议和交工后的各类纪要的收集归档。

九、交工技术文件编制活动中的几个注意的问题

1.各参建单位要根据工程进度,同步完成交工技术文件的形成、积累与归档,监理单位在同步做好各专业平行检验记录、旁站记录、见证取样记录及工程进度款支付等资料归档的同时,要加强对各参建单位交工技术文件的过程控制及审核把关,确保其真实、完

整、有效。

2.土建安装单位须制定交工技术文件编制细则报监理、建设单位、档案部门审核。交工技术文件编制细则内容应包括：编制依据，编制方法，执行标准，进度节点，控制措施，交工技术文件总目录，分部、分项工程划分表（安装工程按照SH/T 3503规范进行划分），各专业、各单位工程、子单位工程交工技术文件的案卷组成和划分等。

3.交工技术文件中非施工单位形成的结论性意见应手工填写。

4.交工技术文件禁止代签现象，一经发现，严格考核。

5.按照规范用表格认真填写，禁止私自改动表格样式。

6.项目土建、安装工程的分部、分项、检验批文件应与各工序文件同步报审（安装工程SH/T 3508规范表格内容同步报审）。

7.项目声像文件。根据《基本建设项目声像档案归档范围及要求》，各参建单位对各施工阶段、各单元的关键工序、重要节点、重大活动事项等进行声像档案的收集归档，按照档案部门要求编写题名、填写模板。

8.设备和材料进场报审所附的报验清单不能直接采用SH/T 3503规范中的材料质量证明文件一览表，而是要将该表中的规范号、签署栏删除，表格名称改为"报验清单"。

9.设备基础复测记录作为安装前的工序交接手续，应由工序接收单位进行复测，并填写设备基础复测（等）记录（SH/T 3503—J204表、J205表、J206表），相关单位人员应配合签署确认。设备基础复测（等）记录应随设备安装工序文件一同归档组卷。

10.各类方案、总结等文件都要编制封面，封面内容包括文件名称、编制人、审核人、批准人、日期、单位落款盖章。其中，编制人、审核人、批准人必须由本人亲手签署。

十、附件（具体内容略）

1.单位工程划分表。

2.试压包编制内容。

3.交工技术文件编号规则。

4.新增表格式样。

5.建设工程项目归档审查记录。

6.移交清册。

7.案卷目录。

8.竣工图编制交付规定。

9.案卷封面编制要求。

第二节　交工技术文件编制细则

　　根据SH/T 3503—2017《石油化工建设工程项目交工技术文件规定》6.1.2条有关交工技术文件编制细则的要求，工程项目开工前，参检单位根据项目的具体情况及建设单位的交工技术文件编制方案，制定交工技术文件编制细则。《中国石化建设项目档案验收细则》的附件6.2"中国石化建设项目档案验收评分表"中，对"项目档案管理体制"部分的验收内容明确规定，施工（总承包）单位无交工技术文件编制细则的，扣0.5分。

　　《中国石化档案管理实物手册》"第六章　建设项目档案"附录6-2中有示例。

　　为进一步加深大家的理解，现提供3个项目施工（监理）单位的交工技术文件编制细则，供工作中学习借鉴。

编号：NGYX-SJJL03-XZ-JG

版次：01/00

×××公司×××项目（监理三标段）

监理实施细则

（交工技术文件编制）

编制：

审批：

×××公司×××项目三标段项目监理部

20××年×月×日

1 范围

为了明确×××项目从工程开工到交工验收的交工技术文件的要求，制定本监理实施细则。本方案适用于×××项目交工技术文件，并随监理文件移交归档。

项目交工技术文件的形成、收集、整理与组卷除执行本规定外，还应符合国家和地方有关法律、法规的规定以及合同约定。

2 编制依据

SH/T 3503—2017《石油化工建设工程项目交工技术文件规定》

SH/T 3543—2017《石油化工建设工程项目施工过程技术文件规定》

SH/T 3903—2017《石油化工建设工程项目监理规范》

GB 50319—2013《建设工程监理规范》

SH/T 3508—2011《石油化工安装工程施工质量验收统一标准》

GB 50300—2013《建筑工程施工质量验收统一标准》

GB/T 50328—2014《建设工程文件归档规范（2019年版）》

DA/T 28—2018《建设项目档案管理规范》

DB/T 29-209—2020《天津市建筑工程施工质量验收资料管理规程》

GB/T 11822—2008《科学技术档案案卷构成的一般要求》

GB/T 18894—2016《电子文件归档与电子档案管理规范》

GB/T 10609.3—2009《技术制图 复制图的折叠方法》

GB/T 11821—2002《照片档案管理规范》

GB 51171—2016《通信线路工程验收规范》

SH/T 3508—2011《石油化工安装工程施工质量验收统一标准》

SH/T 3904—2014《石油化工建设工程项目竣工验收规定》

Q/SH 0704—2016《建设工程项目档案管理规范》

《中国石化建设项目档案验收细则》

《天津经济技术开发区建设工程档案管理服务手册》

《×××公司建设项目档案管理办法》

3 编码规则

3.1 施工过程技术文件：施工单位在建设工程项目施工过程中形成的质量管理文件、质量控制记录、安全质量见证等技术文件的统称。

3.2 交工技术文件：工程总承包单位或设计、采购、施工、检测等承包单位及工程监理单位在建设工程项目施工阶段形成并在工程交工时移交建设单位的工程实现过程、安全质量、使用功能符合要求的证据及竣工图等技术文件的统称，是建设工程文件归档的组成部分。

3.3　质量证明文件原件：加盖生产厂检验专用章或质量证明专用章的产品质量证明文件或供应商在产品质量证明文件复印件上加盖确认印章的延续性的质量证明文件。

3.4　单项工程：建设项目中具有独立设计文件、可独立组织施工、建成后可以独立发挥生产能力或工程效益的工程。

3.5　单位工程：具有独立设计文件、可独立组织施工，但建成后不能独立发挥生产能力或效益的工程（或具有独立设计文件、可独立组织施工，在工艺系统上完成×××种反应过程或实现×××种辅助功能的系统或工段），是单项工程的组成部分。

4　交工技术文件归档的内容

4.1　交工技术文件归档的内容参见DA/T 28—2018《建设项目档案管理规范》及Q/SH 0704—2016《建设工程项目档案管理规范》。

4.2　交工技术文件归档的份数

4.2.1　交工文件、设备/材料证明文件、竣工图、监理文件、设备随机文件归档的份数为纸版三套（正本一套、副本二套）交建设单位。

4.2.2　交工文件、材料/设备证明文件、竣工图、监理文件、设备随机文件的电子版二套，必须为扫描签字后的纸质原件，采用不可擦写的光盘（DA级）。以电子版形式提供时，应与纸版一致，并具有目录检索功能，符合国家、地方及行业有关标准。

4.2.3　无损检测单位将无损检测报告移交各施工单位，汇入交工文件；设备/材料的复检报告移交采购单位，汇入设备/材料证明文件；桩基检测和地基检测等单位将检测报告移交各施工单位，汇入交工文件。检测单位要把全部的检测报告汇总目录（按单位工程汇总）加总结、人员资质（彩打）同时移交。对于成果检测单位所形成的检测成果进行移交的同时，形成综合卷（包括交工技术文件总目录）和文件卷，册内排列依次为卷内目录、检测（监测）报告封面、检测（监测）报告目录、检测（监测）报告说明、检测（监测）报告、卷内备考表。

5　交工技术文件编制的责任

交工技术文件编制的责任见表5.1。

表5.1　交工技术文件编制的责任划分

序号	交工技术文件内容	责任单位
1	竣工图的编制	设计单位
2	合同范围内施工部分的交工技术文件的编制	总承包（施工）单位
3	合同范围内或委托范围内无损检测报告和其他检验试验报告等编制	检测单位
4	合同范围内材料、设备质量证明文件的汇编	总承包（采购）单位或材料/设备采购单位
5	建设工程监理文件（包括设备监造文件）编制	监理单位、监造单位
6	设备随机文件的编制	总承包（采购）单位或设备采购部门

6 案卷编制要求

6.1 命名及编号要求

6.1.1 项目名称：×××公司×××项目。

6.1.2 交工技术文件封面的工程名称需要填写完整的工程名称：×××公司×××项目＋装置名称（装置代码）＋反应区单元＋专业卷（具体内容应据实填写）。SH/T 3503等表格右上角工程名称可只填写主项名称，省略"×××项目"字样，即：装置名称（装置代码）＋反应区单元。

编号原则：

监理资料编号原则，能区分装置及专业的资料，资料编号按照"NGYX-1070（装置单元号）-SJJL03（监理单位名称缩写＋标段）-CV（专业）-PZ（文件类别）-001"编制。工程名称按照装置区分，按照"×××装置"填写。不能区分装置及专业的资料，资料编号按照"NGYX-1070-SNEI（施工单位缩写）-PD（专业）-FA（文件类别）-001"编制，工程名称按照"×××项目监理三标段"来填写。示例如下：

监理综合卷：

除施工单位上报的报验、报审表外，所有编号均不需要体现装置单元号、专业缩写，监理单位形成的资料，编号示例如大纲、规划、细则等资料：NGYX-SJJL03（监理单位名称缩写＋标段）-JLDG（文件类别监理大纲）-001。

工程名称：监理单位形成的资料。综合类文件：×××项目监理三标段。

监理文件卷：

示例：施工单位报验的施组/方案报审表、工程材料/构配件/设备报审表、××报验申请表、单机试车申请表、工程变更单及附件清单、隐蔽工程验收单及附件清单，编号采取装置、专业区分。工程名称示例：×××装置（1070）；编号示例：NGYX-1070-SNEI（施工单位缩写）-PD（专业）-FA（文件类别）-001。

监理资料（技术类）：平行检验记录、旁站记录（不包含通知单、联系单、会议纪要、周月报等无法区分装置的记录类文件）需要区分专业、装置单元号，工程名称示例：×××装置（1070）＋反应区；编号示例：NGYX-1070（装置单元号）-SJJL03（监理单位名称缩写＋标段）-CV（专业）-PZ（文件类别）-001。

6.1.3 单位工程名称采用项目管理部、质量监督站、监理单位、施工单位共同确定划分的装置下单位（子单位）工程名称。

6.1.4 对于通用部分或跨单位工程部分的工程名称，依据施工内容划归所属单位（子单位）工程名称填写，或者指定×××一单位（子单位）工程，并备注说明通用和跨单位工程的情况。

6.1.5 项目档号编制规则：全宗号－一级类目·二级类目·三级类目·阶段号－顺序号

其中：

全宗号：TJSH35×××分公司×××项目管理部。

项目类目细分表见附件2。

阶段号：5施工管理，6监理管理，7设备管理，8竣工图。

备注："一级类目"和"二级类目"和"三级类目"之间，用实心圆点连接。

"全宗号"和"类目"和"阶段号"和"顺序号"之间，用短横线连接。

举例：TJSH35-S4·42·1010·5-1。

6.2 时间要求

6.2.1 交工技术文件（监理文件）可按合同主体或主项单元采取分阶段预移交，即工序资料在中交三个月内经审查合格后向信息化部移交，在项目整体档案验收阶段应继续按要求进行整改，办理正式移交。

6.2.2 参建单位在项目中交后六个月内将项目文件向信息化部归档，有尾项工程的应在尾项工程完成后及时归档。

6.2.3 交工技术文件（监理文件）审查程序见2021-TPCC-NGYX-IN-MPR-0006交工技术文件检查验收归档管理程序。

6.3 数量要求

6.3.1 交工技术文件（监理文件）向信息化部归档：纸质正本1套、电子版1套。

6.3.2 竣工图、设备随机资料还应向项目运行部门归档：纸质副本1套、电子版1套。

6.3.3 需向地方档案馆移交项目档案的部分，其整理要求和份数应符合×××区城建档案馆的有关规定。

6.4 质量要求

6.4.1 移交的项目档案应保证文字图样内容真实准确、字迹清楚、图表整洁，签字完备、印章完整，书写材料符合档案归档要求，不可采用红墨水、纯蓝墨水、圆珠笔、复写纸、铅笔等书写材料。

6.4.2 案卷资料不宜过厚，推荐使用3cm、4cm、5cm厚度的档案盒，盒里资料厚度以小于盒规格5mm为宜。

6.4.3 项目档案文字部分（含表格）成文应采用计算机打印（表格使用模板制作），其中，结论性审定意见、责任人签名、日期均采用手写方式，禁止使用私章（含签名章）。交工技术文件各类表格填写时，凡表述性内容空白处应填写"无"，凡数据型内容空白处应填写"—"或"/"，表格余下空白处应打印"以下空白"字样或加盖"以下空白"条形章（蓝色印章）。选择部分表格中固定内容时使用"√"，也可手工填写在"□"内。

6.4.4　纸质版交工技术文件的文字资料用纸规格应为A4。SH/T 3503《石油化工建设工程项目交工技术文件规定》附录A~附录H所列表格中表头左侧栏内的字号为标准黑体五号字；表头中部表格名称为宋体加粗三号字；其他各栏文字为标准宋体五号字；录入文字为五号楷体；页边距应按下列规定设置：

（1）竖排版的文件左边距25mm、上边距20mm、右边距20mm、下边距20mm，装订线位置在左侧。

（2）横排版的文件左边距20mm、上边距25mm、右边距20mm、下边距20mm，装订线位置在上部。

6.4.5　项目档案文字部分应采用线绳三孔左侧装订法装订，装订应整齐、牢固，三孔位置分别为：上、下边距各70mm，中间等分，左边距15mm。装订要求不压字，剔除金属物，装订的线头应该放在资料的后面；已成册的文字，保持其原有的面貌；图纸不装订，但应编制页码；按GB/T 10609.3《技术用图　复制图的折叠办法》风琴式折叠成A4幅面，标题栏外露；外文资料宜保持原有的装订形式；横向表格的文字材料，表头朝装订线侧。交工技术文件用A4大小、无字无酸牛皮纸作为封皮和封底，一同装订成册。

6.4.6　小于A4规格的合格证，应将其牢固粘贴或单侧缝制于A4纸上，并在A4纸上注明"本页粘贴合格证多少张"的字样。粘贴时使用白乳胶或胶水，不能使用双面胶。对于大于A4规格的文件，应统一折叠成A4大小进行装订，折叠时以左、下侧为准。

6.4.7　凡为易褪色材料（如复写纸、热敏纸等）形成的文件，应在原件后附一份复印件。复印件要求加盖单位公章以确认其有效，原件与复印件的页码连续编写。

6.4.8　卷内文件有书写内容的页面均应编页号，页号应采用打码机打印，要求三位数连续编码，页号颜色为黑色。印刷成册且带有连续页码的文件及图样，可不编页号；如果小册子在整卷中间的位置，在小册子的首、尾页打上页码即可；如果小册子小于A4纸，应粘在A4纸上，页码按小册子页号计算，不算A4纸。以卷装订的案卷，页号应从001顺序编号；以件装订的案卷，按件独立编写页号。页号编写位置为：单面书写文件在右下角；双面书写文件，正面在右下角，背面在左下角。页号编写位置以装订方向为准，与纸张书写方向无关；图纸的页号编写在右下角，如右下角没有空余地方，可编写在图纸标题栏外右上方。

6.4.9　原材料分零使用时，其质量证明文件原件或复印件上应记录材料分零的使用部位和数量，质量证明文件的复印件应加盖原材料供应部门的专用印章。

6.5　竣工图编制要求

6.5.1 竣工图由设计单位负责编制、组卷和移交归档。竣工图应编制综合卷，综合卷内需有总目录和总分目录。

6.5.2 竣工图应完整、准确、规范、清晰、修改到位，真实反映项目竣工时的实际情况。设计单位应提供设备专业的全套图纸，包括零部件图和总装配图。

6.5.3 施工单位将设计变更、工程联络单等涉及变更的全部文件汇总后经监理审核，作为竣工图编制的依据；综合卷应归档"设计变更与竣工图修改对照表"。图纸中修改部分应用云线圈画，并注明对应的设计变更单号。

6.5.4 竣工图交工技术文件说明的内容应包括：竣工图涉及的工程概况、编制单位、编制依据、变更情况（发生变更时）、竣工图的卷数和每卷的内容等。

6.5.5 施工图有变更的应绘制竣工图，签署栏中的版次号标注为"J版"；部分施工图无变更的，终版施工图作为竣工图，目录标注为"J版"；按图施工整套设计文件无变更的，以终版施工图作为竣工图，目录标注"J版"作为竣工图，并加以说明。

6.5.6 竣工图绘制完成后，应送监理单位逐张（包括图纸目录）加盖竣工图审核章并签署（严禁代签），竣工图审核章样式按DA/T 28—2018中"竣工图审核章"的示例制作。竣工图审核章应加盖在图纸正面标题栏正上方空白处；如无空白处，可加盖在图纸正面标题栏左方空白处；再无空白处，则加盖在图纸标题栏背面空白处。注意竣工图审核章边框不得超过竣工图的边框线，加盖使用不褪色的红色印泥油，不得污损图纸。

6.5.7 叠图要求：竣工图首先要沿着图纸的标准线，将线外的边裁掉。竣工图应按GB/T 10609.3《技术制图 复制图的折叠方法》的要求统一折叠成A4幅面。图样向内，白面向外，保证图标栏在竖向的右下角。先将图纸折叠成高297mm，图标栏外露，然后再按手风琴式折叠成宽210mm。

6.5.8 利用以前项目的图纸或本设计院的院标复用标准图的重复利用图，应编入竣工图中，并加盖竣工图审核章。

6.5.9 建筑、结构、造价专业图纸需加盖个人专项资质章；压力容器、压力管道应加盖相应的资质章。

6.5.10 仪表专业接线图、回路图需完整准确，DCS组态资料、I/O表应完整准确归档。

6.5.11 装订：图纸不装订；文表类（如图纸目录、综合材料表、规格表、说明书等）超过5页需装订，横向表格的文字材料，表头朝装订线侧。采用线绳三孔左侧装订法装订，三孔位置分别为：上、下边距各70mm，中间等分，左边距15mm。装订要求不压字，装订的线头应该放在资料的后面。竣工图综合卷都是目录和文字材料，所以要求装订成一本；专业卷内如果一盒内出现几张文字、几张图，再几张文字、几张图的排列情况，不要将所有文字材料抽出装订。

6.5.12 页号：案卷封面、卷内目录、卷内备考表不打页码，从"交工技术文件封面"开始编写页码，页号应从"001"顺序编号。图纸的页号，编写在图纸标题栏的右下角。如右下角没有空余地方，可编写在图纸标题栏外右上方；文表类的页号，页码编写位置以装订方向为准，与纸张书写方向无关。单面书写文件在右下角；双面书写文件，正面在右下角，背面在左下角。各档案盒之间，不能连续编写页码。页号应采用打码机打印，要求三位数连续编码，页号颜色为黑色。

6.5.13 如竣工图电子版由设计软件转换生成，设计院应签署承诺书，承诺对所交付电子版竣工图内容、签署以及文件的准确性、完整性、可用性负责，电子版竣工图文件的编制内容与纸版竣工图内容一致。

6.6 卷内目录要求

6.6.1 序号：序号采用阿拉伯数字，从"1"起依次标注卷内文件的顺序，一个文件一个号，序号以实际数据结束为止。

6.6.2 文件编号：应填写文件文号或型号或图号或代字、代号等。

6.6.3 责任者：应填写文件形成者或第一责任者，总承包方式，资料为施工单位编制，责任者应填写总承包单位。

6.6.4 文件题名：第一行，虽然SH/T 3503—J101中的名称只有两个字"封面"，但是为了便于检索，应细化此条题名，应写为：案卷题名＋"封面"。

6.6.5 日期：应填写文件形成的时间，格式为"××××-××-××"；如果一份文件由多页组成，且形成日期不同，那么，采用这份文件的首页的最晚日期作为此文件的日期。

6.6.6 页次：

（1）页次应填写每份文件首页上标注的页号，页次采用三位数编码，从"001"开始。

（2）页次最后一条格式特殊，应填写该文件的起止页，格式为"×××—×××"。

（3）如果最后一条仅为一页，也应写成"×××—×××"的形式，以此标志文件的终止。

（4）按卷整理时写页次，页次应写起始页；按件整理时写页数，按件独立编写页号，页数填每件的总页数。

（5）增页不应出现在卷内目录的"页次"一栏内。

6.6.7 备注：备注用于填写归档文件需要补充和说明的情况，包括密级、缺损、修改、补充、移出、销毁等。据实填写，没有可以空着。如果需要说明的内容较多时，在备注栏加注"*"，具体内容填在盒内备考表中。

6.6.8 电子版采用Excel文件格式，录入文字为10号宋体；"序号""日期""页数"栏采用"居中"的排列方式，"文件编号""责任者""文件题名""备注"栏采用"左对齐"的排列方式。

6.6.9 卷内目录不装订，不编页号。

6.7 备考表要求

6.7.1 卷内备考表，要求使用A4纸打印。

6.7.2 "说明"：

应注明："本案卷内科技文件材料共1件，共计212页，其中文字材料200页，图纸12页，照片0张。该案卷对应的电子文件以光盘形式移交档案室。"

6.7.3 增页超过5个的需重新打码，少于5个的，在备考表要机打注明："本文件第120-1、120-2页为增页，实际卷内总页数为330页。"

6.7.4 竣工图中目录中的标准图存于其他卷中时，在备考表要机打标注："目录中图号为10-AD8001的图纸为标准图，该图在×××项目×××卷中的第×页。"

6.7.5 立卷人、检查人：必须手签，盖姓名章无效。

6.7.6 电子版采用Word文件格式，录入文字为3号宋体。

6.7.7 备考表不装订，不编页号。

6.8 电子版要求

6.8.1 电子文件的内容应与纸质版文件的内容保持一致。

6.8.2 电子文件保存的介质可为光盘或移动硬盘。

6.8.3 光盘或移动硬盘的保管期限与纸质文件的保管期限一致。

6.8.4 页面整洁，文字、图样、页号清楚，对于横向书写页面要求旋转到位，便于提供查阅利用。

6.8.5 设置一个文件夹，以项目的全称作为文件夹名；在此文件夹内，再设置两个子文件夹，名称分别为"电子原文"和"移交清册及其他"。

6.8.6 "电子原文"文件夹：每卷为一个文件夹，文件夹名为数字序号加卷名组成；文件夹内以纸版卷内目录的序号为编制单元，电子文件以对应的自然数序号命名，电子文件为PDF格式。

6.8.7 "移交清册及其他"文件夹：放置移交清册首页（Word格式）、移交清册续页（Excel格式）、归档电子文件移交检验登记表（一）（Word格式）、卷内封皮（Word格式）、卷内备考表（Word格式）、卷内目录（Excel格式）、上传模板（Excel格式）。

6.9 声像资料要求

6.9.1 项目声像资料由建设单位项目分部、总承包单位（施工单位）、监理单位分别形成和移交，内容侧重点不同，不可互相复制。

6.9.2 项目管理过程要收集声像资料，包括重要节点（开工、中交、三查四定）、工程前期地貌、隐蔽工程、重大事件（审查会议、大型设备吊装、安全事件）、专题会、开工竣工会议、装置全貌等。

6.9.3 声像资料包含照片和视频，照片格式采用JPEG、TIFF格式，需注明事由、时间、地点、人物、背景、摄影者，需筛选部分照片冲洗成册；视频格式采用MPEG或AVI格式。

6.10 移交手续要求

6.10.1 移交单位制作"上传模板"，刻入移交光盘中（无须打印成纸版）。

6.10.2 上传模板请勿插入函数。

6.10.3 上传模板为Excel表，分为两个工作表，一个是"基建档案－案卷级模板"，另外一个是"基建档案－文件级模板"。两个工作表都要填写。

6.10.4 应制作移交清册首页，移交清册首页左上角"工程项目"一栏，在项目名称后添加文件类型（如添加"施工文件""监理文件""竣工图"等字样）；"甲方单位"和"审核人"，应与SH/T 3503的封面的盖章签字一致。应加盖移交单位公章，单位名与公章名一致；"乙方单位"和"移交人"，应由移交单位填写、盖章、签字；"接收部门"为"中国石油化工股份有限公司×××分公司信息档案管理中心"，"接收人""审核人""时间"由建设单位档案管理人员填写。"移交总数"由移交单位填写。"移交总数"不允许划改。

6.10.5 应制作移交清册续页。施工、监理、设计应制作归档电子文件移交、检验登记表（一）。内容填写"合格"等结论性语句，不写"无"，需手写，不能机打。

6.10.6 移交清册首页、移交清册续页、归档电子文件移交检验登记表（一），此三张表格要求一式两份，一份由信息化部保存，一份由移交单位保存。

7 案卷组卷要求

7.1 总则

7.1.1 项目实行总承包的部分，由各分包单位负责其分包项目交工文件的编制、整理、组卷，总承包单位负责审核、汇编分包单位的交工技术文件，并编制项目综合卷，须归档总承包单位与分包单位和设备供应单位签署的合同及技术附件。由总承包单位统一提交给项目分部进行审核合格后向信息化部移交。

7.1.2 由建设单位直接分包的工程项目，由各分包单位负责其分包项目交工文件的编制、整理、组卷，经项目分部审核，按工序移交或在中交后六个月内向信息化部移交。

7.1.3 甲方采购的设备，其随机文件由物资供应部负责收集、积累、整理、向信息化部归档；材料质量证明文件由领用方按要求归档。乙方设备、材料采购的文件资料由乙方按要求归档。

7.1.4 项目档案分类组卷原则应遵循案卷内文件的自然形成规律和成套性特点，分别按装置（单元）、阶段、专业、单位工程—内容进行分卷，保持卷内文件的有机联系，做到分类科学、组卷合理，便于档案的保管和利用。

7.1.5 设备类档案以装置（单元）内的单台设备或同类型单组设备为保管单位进行组卷。

7.1.6 档案案卷之间不连续编写页码，每卷的起始页码均从"001"开始编写。

7.1.7 案卷封面、卷内目录、备考表采用GB/T 11822《科学技术档案案卷构成的一般要求》标准的统一格式用计算机编制打印，档案装订外皮由信息化部统一样式。

7.1.8 档案装具由信息化部提供统一样式，应符合国家标准的规定。

7.2 施工文件

7.2.1 项目施工文件按单项工程进行分类组卷，分别是：综合卷、土建工程卷、设备安装工程卷、管道安装工程卷、电气安装工程卷、仪表安装工程卷、消防专业工程卷、电信工程卷等。组卷及文件排序可参考附件1：×××公司建设项目文件归档范围。

7.2.2 综合卷：各类综合性文件，由联合总包牵头单位进行组卷。

7.2.3 专业卷：由各承包商负责在合同范围内，按单位工程组卷。组卷顺序及要求依照Q/SH 0704—2016 及 SH/T 3503—2017。组成多卷时第一卷为专业综合卷，应包括：工程施工开工报告、焊工、无损检测人员登记表、工程设计变更一览表及设计变更单、工程联络单一览表及工程联络单、工程中间交接证书、其他文件。

（1）土建工程施工卷：含土建、钢结构等，按单位工程、分部工程、分项工程的顺序组卷，卷内文件应按施工物资材料、施工记录、施工试验记录、过程质量验收记录等文件组卷。

（2）设备安装工程卷：按单位工程、分部工程、分项工程顺序组卷，动、静设备分别组卷；整体到货的设备，卷内文件应按设备类别、位号、施工工序顺序组卷。每台（组）设备按设备开箱、基础复测、设备安装、垫铁隐蔽、检测、试验、内件安装、隐蔽验收、单机试车（动设备）等工序形成的记录、报告的顺序汇集成卷。同一设备的附属设备、附属设施，以及保温、保冷、脱脂、防腐及隔热、耐磨衬里等应一并编入；现场组焊的锅炉、工业炉、压力容器、储罐等设备施工文件应单台组卷；大型机组现场组装的施工文件及成套设备现场安装的施工文件应单独组卷。

（3）管道安装工程卷：管道安装施工文件宜按试压包组卷，试压包的内容应包括流程图、轴测图、管道焊接工作记录、管道焊接接头热处理报告、硬度检测报告、金属材料化学成分分析检验报告、管道无损检测报告及检测结果汇总表、管道无损检测数量统计表、管道系统压力试验条件确认记录、管道系统压力试验记录，管道试压包一览表按管道编号排列顺序填写并置于案卷中；管道组成件验证性和补充性检验记录、阀门试验确认表、安全阀调整试验记录、弹簧支/吊架安装检验记录、管道补偿器安装检验记录、安全附件安装检验记录、管道静电接地测试记录、管道焊接接头热处理曲线、管道系统泄漏性/真空试验条件确认与试验记录及管道吹扫/清洗检验记录等管道安装施工文件等，如不便于列入试压包，可分类汇编组卷；管道安装工程中的防腐、保温、保冷等施工文件宜单独组卷。详见附件1：×××公司建设项目文件归档范围中的工作表"试压包目录"。

（4）电气安装工程卷：安装检验（质量验收）记录、隐蔽工程记录及接地电阻测量记录等文件按单位工程、分部工程、分项工程顺序整理，按供配电系统设备、系统位号、安装工序等顺序组卷；电气设备质量证明文件及随机资料可按设备类别分别组卷，也可按设备位号单独组卷；电气材料质量证明文件按材料类别、品种、规格等顺序组卷。

（5）仪表安装工程卷：仪表安装工程中的调试记录、安装检验记录应按单位工程、分部工程、分项工程顺序整理，按控制、检测回路位号顺序组成卷或仪表控制系统安装文件单独组卷；仪表设备质量证明文件及随机资料应按设备类别组卷，也可按设备位号组卷，开箱检验记录一并归入；仪表材料质量证明文件应按材料类别、品种、规格等顺序组卷。

（6）各专业材料质量证明文件组卷时应编写材料质量证明文件一览表，材料质量证明文件按一览表中的顺序依次排列。

（7）向监理报审的各类报审表与报审的施工文件一起由施工单位在交工技术文件中整理组卷，并负责移交归档。

7.3　监理文件

7.3.1　监理文件按事项、时间组卷，质量、进度、投资、安全等控制文件按单位工程组卷，可分为综合卷、监理文件卷、设备监理文件卷。

7.3.2　检测单位资质、人员资质、方案和机具报审资料由监理单位归档。

7.3.3　监理日志采用SH/T 3903—2017《石油化工建设工程项目监理规范》中规定的表格"SH/T 3903-A.14监理日志"，监理工程师和总监理工程师在表格最下面一栏签字，加盖监理单位项目部章。

7.3.4　见证取样记录应完整、系统。

7.4　竣工图

7.4.1　竣工图需编制综合卷。综合卷应包括内封面、卷内目录、交工技术文件封面、交工技术文件总目录、交工技术文件说明、竣工图图纸总目录、竣工图图纸总分目录、工程质量事故处理方案报审表（发生时）、重大质量事故处理报告（发生时）、设计变更与竣工图修改对照表、工程设计资质证书、注册建筑师注册证书、注册结构师注册证书、工程变更一览表、项目设计总结、交工技术文件移交证书、卷内备考表。

7.4.2 同一主项竣工图按单元名称排列（一单元、二单元等，如果主项不分单元，该层次可省略）。同一单元名称下按专业排列（总图、建筑、结构等），同专业图纸按图号顺序排列。专业卷应包括案卷封面、卷内目录、交工技术文件封面、交工技术文件目录、交工技术文件说明、竣工图图纸目录、竣工图、卷内备考表。

8 交工技术文件（监理文件）的汇总、审核和验收

8.1 交工技术文件汇总

项目各分包单位负责将审查合格的交工技术文件提交联合总承包单位牵头单位汇总。

8.2 项目交工技术文件（监理文件）的审核和验收

项目交工技术文件需经过初审、复审、预验收、档案专业验收四个阶段的审核验收。参见：2021-TPCC-NGYX-IN-MPR-0006《交工技术文件检查验收归档管理程序》。

8.2.1 初审：在工程中间交接后，承包单位完成整理、组卷等，先由总包单位审核，具备审查条件后再提交监理审核。监理单位应在初审后给出审查意见，承包单位整改。

8.2.2 复审：不符合项已整改、复查、关闭后，方可提交项目分部交工资料验收联合审查小组进行复审，承包单位对复审发现的不符合项完成整改后提交档案部门进行预验收。

8.2.3 预验收：档案部门对交工技术文件进行审查，提出审查意见，承包单位整改完成后，组织质量监督站、项目分部、监理单位、设计单位等进行预验收。预验收给出审查意见，承包单位整改完成，检查合格后，参加预验收的相关单位在"交工技术文件（监理文件）预验收会审单"上签字并盖章。承包单位应在15天内装订成册、制作电子文件等，并向汇总单位移交。汇总单位收集齐后，向档案部门移交全部交工文件。

8.2.4 档案专业验收：经过预验收合格的交工技术文件移交归档后，档案部门在2个月内整理完毕，向集团公司综合管理部提出档案专业验收申请，进行档案专业验收。监理单位应在档案专业验收首次会上汇报对项目交工技术文件的审查情况，各参建单位应派代表全程参与验收过程。

8.2.5 档案专业验收结束后，参建单位应在15天内完成档案验收专家所提出问题的整改，档案部门在一个月内完成案卷的整改和上架工作。

×××项目
×××装置
交工技术文件编制细则

编制：

审核：

批准：

×××工程项目部
2022年03月

1　目的

1.1　规范我公司承建的×××公司×××项目技术文件的收集、整理、归档，保证交竣工资料的及时、完整、准确、系统及可追溯性。

1.2　统一编制方法，促进项目基础性管理，提高项目整体管理水平，落实责任，满足业主及公司技术质量管理体系文件的有关要求，促进技术质量管理体系的有效运行。

1.3　保证项目特种设备过程资料两个层次的竣工档案编制、汇总、移交方法和程序，划定竣工资料的界限，明确交竣工资料应形成的目录、表格，确定竣工资料移交时项目部和相关业务处室的责任和义务。

1.4　结合档案馆下发的《交工技术文件（监理文件）编制方案》中相关要求，制定本细则。

2　范围和引用文件

2.1　范围

本规定明确了工程/产品竣工档案整理编汇的内容、管理职责和有关要求。

本规定适用于×××项目的交竣工档案的整理、编汇、移交及归档的管理。

2.2　引用文件

SH/T 3503—2017《石油化工建设工程项目交工技术文件规定》

SH/T 3543—2017《石油化工建设工程项目施工过程技术文件规定》

SH/T 3508—2011《石油化工安装工程施工质量验收统一标准》

SH/T 3903—2017《石油化工建设工程项目监理规范》

SH/T 3904—2014《石油化工建设工程项目竣工验收规定》

GB/T 18894—2016《电子文件归档与电子档案管理规范》

GB 50300—2013《建筑工程施工质量验收统一标准》

Q/SH 0704—2016《建设工程项目档案管理规范》

2021-TPCC-NGYX-IN-MPR-0008《项目文件控制及编号规定》

交工技术文件（监理文件）编制方案

土建资料执行天津市建筑工程施工统一用表2022版相关规定

×××分公司信息管理中心发布的相关管理规定

设计院提供的设计图纸及相关文件

FCC/QG06（09）—2010《QHSE体系作业文件》

FCC/QG06.07—2010《工程竣工档案编汇规定》

3　管理职责

3.1　总体职责

×××项目部建立本项目的质量管理体系，保持与顾客沟通，保持与业务处室沟通，保持与供方沟通，接受第三方检查，对过程进行监视和测量，确保工程的合规性，并保存符合接受准则的证据。各职能部门（供应部、质量部、经营部、工程部、安全部、综合办）在工程实施过程中，负责本系统业务范围内过程管理资料的收集、整理、组册成卷，在项目竣工后项目技术部负责组织实施竣工档案的整理、移交归档工作，专业工程师、施工员按要求负责积累、编汇本专业交竣工资料。

3.2 承包单位职责

在本项目承担工程任务的区域分包商、专业分包商、工程公司、专业公司负责过程中积累、编汇所承担区域、专业内的交竣工资料，在项目竣工后负责整理、编汇、组卷，并配合项目技术部进行交竣工资料的完善、移交工作。

4 管理内容

4.1 竣工档案

工程/产品竣工档案包括工程/产品交工技术文件和施工生产过程管理文件两部分。工程/产品交工技术文件是工程/产品竣工后提交业主的施工生产过程中形成的技术资料，施工生产过程管理文件是公司自行存档的过程控制的管理资料。工程/产品竣工档案归档管理执行 FCC/QG01.02《档案管理规定》。

4.2 工程/产品竣工档案编汇实施的策划

工程项目开工后，项目技术部应在×××分公司信息档案管理中心下发的交工技术文件编制方案基础上，细化编制"交竣工技术档案编汇实施细则"，经项目总工程师审核后，须报公司技术与信息化部复审、备案；复审通过并经业主、监理签认后下发执行。工程竣工档案编汇应充分考虑产品的特性，编汇内容应符合相关标准规范的要求。

5 交工技术文件编制要求

5.1 项目名称

5.1.1 项目名称：×××装置（单元号）

5.1.2 交工技术文件封面的工程名称需要填写完整：×××装置（1010）＋专业卷＋裂解单元（具体内容应据实填写）。SH/T 3503等表格右上角工程名称可只填写主项名称，即：×××装置（1010）。

5.1.3 根据业主作业文件的要求及监理提供的交工表格，建设工程项目的各参建单位、部门应根据SH/T 3503—2017《石油化工建设工程项目交工技术文件规定》和文件的要求编制各专业的交工技术文件。

5.2 时间要求

5.2.1 交工技术文件按合同主体或主项单元采取分阶段预移交措施，即工序资料在中交三个月内经审查合格后向信息化部移交，在项目整体档案验收阶段应继续按要求进行整改，然后办理正式移交。

5.2.2 项目中交后三个月内将项目文件向信息化部归档，有尾项工程的应在尾项工程完成后及时归档。

5.3 数量要求

5.3.1 交工技术文件、竣工图、设备随机资料向信息化部归档纸质正本1套、电子版1套。

5.3.2 需向地方档案馆移交项目档案的部分，其整理要求和份数应符合×××区城建档案馆的有关规定。

5.4 质量要求

5.4.1 移交的项目档案应保证文字图样内容真实准确、字迹清楚、图表整洁，签字完备、印章完整，书写材料符合档案归档要求，不可使用红墨水、纯蓝墨水、圆珠笔、复写纸、铅笔等书写材料。

5.4.2 案卷资料不宜过厚，推荐使用3cm、4cm、5cm的厚度的档案盒，盒里资料厚度小于盒规格5mm左右为宜。

5.4.3 项目档案文字部分（含表格）成文应采用计算机打印（表格使用模板制作），其中，结论性审定意见、责任人签名、日期均采用手写方式，禁止使用私章（含签名章）。交工技术文件各类表格填写时，凡表述性内容空白处应填写"无"，凡数据型内容空白处应填写"—"，表格余下空白处应打印"以下空白"字样或加盖"以下空白"条形章（蓝色印章）。选择部分表格中固定内容时使用"√"，也可手工填写在"□"内。

5.4.4 纸质版交工技术文件的文字资料用纸规格应为A4。SH/T 3503—2017《石油化工建设工程项目交工技术文件规定》附录A~附录H所列表格中表头左侧栏内的字号为标准黑体五号字，表头中部表格名称为宋体加粗三号字，其他各栏文字为标准宋体五号字；录入文字为五号楷体；页边距应按下列规定设置：

竖排版的文件左边距25mm、上边距20mm、右边距20mm、下边距20mm，装订线位置在左侧。

横排版的文件左边距20mm、上边距25mm、右边距20mm、下边距20mm，装订线位置在上部。

5.4.5 项目档案文字部分应采用线绳三孔左侧装订法装订，装订应整齐、牢固。三孔位置分别为：上、下边距各70mm，中间等分，左边距15mm，装订要求不压字，剔除金属物，装订的线头应该放在资料的后面；已成册的文字，保持其原有的面貌；图纸不装订，但应编制页码；按GB/T 10609.3《技术用图 复制图的折叠办法》风琴式折叠成A4幅面，标题栏外露；外文资料宜保持原有的装订形式；横向表格的文字材料，表头朝装订线侧。交工技术文件用A4大小、无字无酸牛皮纸作为封皮和封底，一同装订成册。

5.4.6 交工技术文件除产品技术文件和材料、设备质量证明文件外，其余用计算机编制打印，责任人员、日期及监理工程师验收结论、建设单位审查意见、质量监督站监督意见应用符合档案要求的书写工具签字确认（推荐采用黑色中性笔或签字笔，笔芯0.5mm），且应做到字迹清晰、签章完整，不得用圆珠笔和易褪色的墨水填写和绘制。日期填写 8位数，例如：2022年04月05日。

5.4.7 交工技术文件中凡为易褪色材料（如复写纸、热敏纸等）形成的并需要永久和长期保存的文件，应在原件后附一份复印件。复印件要求字迹清楚、图样清晰、图表整洁。

5.5 电子版交工技术文件应符合下列规定：

5.5.1 电子文件的内容应与纸质版文件的内容保持一致。

5.5.2 电子文件保存的介质可为光盘或移动硬盘。

5.5.3 光盘或移动硬盘的保管期限与纸质文件的保管期限一致。

5.5.4 页面整洁，文字、图样、页号清楚，对于横向书写页面要求旋转到位，便于提供查阅利用。

5.5.5 设置一个文件夹，以项目的全称作为文件夹名；在此文件夹内，再设置两个子文件夹，名称分别为"电子原文"和"移交清册及其他"。"电子原文"文件夹：每卷为一个文件夹，文件夹名由数字序号加卷名组成；文件夹内以纸版卷内目录的序号为编制单元，电子文件以对应的自然数序号命名，电子文件为PDF格式。"移交清册及其他"文件夹：放置移交清册首页（Word格式）、移交清册续页（Excel格式）、归档电子文件移交检验登记表（一）（Word格式）、卷内封皮（Word格式）、卷内备考表（Word格式）、卷内目录（Excel格式）、上传模板（Excel格式）。

5.6 声像资料要求

项目管理过程要收集声像资料，主要涉及内容包括重要节点（开工、中交、三查四定）、工程前期地貌、隐蔽工程、重大事件（审查会议、大型设备吊装、安全事件）、专题会、开工竣工会议、装置全貌等。

声像资料包含照片和视频，照片格式采用JPEG、TIFF格式，需注明事由、时间、地点、人物、背景、摄影者，需筛选部分照片冲洗成册；视频格式采用MPEG或AVI格式。

5.7 案卷组卷要求

项目施工文件按单项工程进行分类组卷，分别是：综合卷、土建工程卷、设备安装工程卷、管道安装工程卷、电气安装工程卷、仪表安装工程卷、消防专业工程卷、电信工程卷、竣工图卷、随机资料卷等。

5.7.1 综合卷：各类综合性文件。

5.7.2 专业卷：按单位工程组卷。组卷顺序及要求依照 Q/SH 0704—2016 及 SH/T 3503—2017。组成多卷时第一卷为专业综合卷，应包括：工程施工开工报告、焊工、无损检测人员登记表、工程设计变更一览表及设计变更单、工程联络单一览表及工程联络单、工程中间交接证书、其他文件。

5.7.3 土建工程施工卷：含土建、钢结构等，按单位工程、分部工程、分项工程的顺序组卷，卷内文件应按施工物资材料、施工记录、施工试验记录、过程质量验收记录等文件组卷。

5.7.4 设备安装工程卷：按单位工程、分部工程、分项工程顺序组卷，动、静设备分别组卷；整体到货的设备，卷内文件应按设备类别、位号、施工工序顺序组卷。每台（组）设备按设备开箱、基础复测、设备安装、垫铁隐蔽、检测、试验、内件安装、隐蔽验收、单机试车（动设备）等工序形成的记录、报告的顺序汇集成卷。同一设备的附属设备、附属设施，以及保温、保冷、脱脂、防腐及隔热、耐磨衬里等应一并编入；现场组焊的锅炉、工业炉、压力容器、储罐等设备施工文件应单台组卷；大型机组现场组装的施工文件及成套设备现场安装的施工文件应单独组卷。

5.7.5 管道安装工程卷：管道安装施工文件宜按试压包组卷，试压包的内容应包括流程图、轴测图、管道焊接工作记录、管道焊接接头热处理报告、硬度检测报告、金属材料化学成分分析检验报告、管道无损检测报告及检测结果汇总表、管道无损检测数量统计表、管道系统压力试验条件确认记录、管道系统压力试验记录，管道试压包一览表按管道编号排列顺序填写并置于案卷中；管道组成件验证性和补充性检验记录、阀门试验确认表、安全阀调整试验记录、弹簧支/吊架安装检验记录、管道补偿器安装检验记录、安全附件安装检验记录、管道静电接地测试记录、管道焊接接头热处理曲线、管道系统泄漏性/真空试验条件确认与试验记录及管道吹扫/清洗检验记录等管道安装施工文件等，如不便于列入试压包，可分类汇编组卷；管道安装工程中的防腐、保温、保冷等的施工文件宜单独组卷。详见×××建设项目文件归档范围工作表"试压包目录"。

5.7.6 电气安装工程卷：安装检验（质量验收）记录、隐蔽工程记录及接地电阻测量记录等文件按单位工程、分部工程、分项工程顺序整理，按供配电系统设备、系统位号、安装工序等顺序组卷；电气设备质量证明文件及随机资料可按设备类别分别组卷，也可按设备位号单独组卷；电气材料质量证明文件按材料类别、品种、规格等顺序组卷。

5.7.7 仪表安装工程卷：仪表安装工程中的调试记录、安装检验记录应按单位工程、分部工程、分项工程顺序整理，按控制、检测回路位号顺序组成卷或仪表控制系统安装文件单独组卷；仪表设备质量证明文件及随机资料应按设备类别组卷，也可按设备位号组卷，开箱检验记录一并归入；仪表材料质量证明文件应按材料类别、品种、规格等顺序组卷。

5.7.8　各专业材料质量证明文件组卷时应编写材料质量证明文件一览表，材料质量证明文件按一览表中的顺序依次排列。

5.7.9　向监理报审的各类报审表与报审的施工文件一起在交工技术文件中整理组卷，并负责移交归档。

5.7.10　竣工图卷：

（1）竣工图需编制综合卷。综合卷应包括内封面、卷内目录、交工技术文件封面交工技术文件总目录、交工技术文件说明、竣工图图纸总目录、竣工图图纸总分目录、设计变更与竣工图修改对照表、工程设计资质证书、注册建筑师注册证书、注册结构师注册证书、项目设计总结、交工技术文件移交证书、卷内备考表。

（2）本项目竣工图专业卷需按照总目录、总分目录顺序进行分卷组册。专业卷应包括案卷封面、卷内目录、交工技术文件封面、交工技术文件目录、交工技术文件说明、竣工图图纸目录、竣工图、卷内备考表。

（3）竣工图结构专业及建筑专业需设计人员注册证书，压力管道部分需加盖压力管道资质章。

（4）竣工图审核章式样如下：

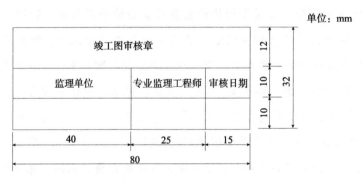

5.7.11　随机资料编制要求：

（1）根据合同技术协议要求提供的文件资料，必须编制在技工技术文件中，交工文件的编制应遵循文字资料在前、图纸在后的原则。

（2）封面、目录及装箱清单需使用项目提供的模板、货品内容须与实际交货物资一致。

（3）产品合格证须为原件，外购件及设备配套的材料也须提供相应的质量证明文件。

（4）压力容器、特种设备竣工图的签章必须完整，相应资质的设计制造许可章不可缺少，竣工图须为原件。

5.8 交工资料采用的表格形式

原则：交工技术文件编制应采用最新版本。

5.9 施工表格

SH/T 3503—2017《石油化工建设工程项目交工技术文件规定》

SH/T 3543—2007《石油化工建设工程项目施工过程技术文件规定》

SH/T 3508—2011《石油化工安装工程施工质量验收统一标准》

DB/T 29-209—2011《建筑工程施工质量验收资料管理规程》

5.9.1 交工技术文件通用表使用说明：

（1）J101A、J101B"封面"为交工技术文件案卷首页。其中，表头右侧的"卷号"不填，卷的总数包括交工技术文件文字资料和竣工图。

（2）J101A用作未实行工程总承包的工程项目综合卷交工技术文件封面。

（3）J101B用作实行工程总承包的工程项目综合卷交工技术文件封面。

（4）"工程名称"和"单元名称"的填写如下：

（5）工程名称：××万吨/年××装置（1010）

5.9.2 单位工程及分部分项名称填写如下：

根据已批审的《××万吨/年××装置单位工程、分部、分项划分》中规定填写。

5.9.3 交工技术文件组卷时，根据以下规定填写："卷名"填写综合卷、土建工程卷、设备安装工程卷、管道安装工程卷、电气安装工程卷、仪表安装工程卷、消防专业工程卷、电信工程卷、质量证明文件卷、竣工图卷等内容之一。例：单元名称+×××卷+本卷主要内容概括。

5.9.4 J102"交工技术文件总目录"为装置建设工程的交工技术文件总目录，编列在交工技术文件首卷（综合卷）、首册的次页。表头右侧的"工程名称"填写：××万吨/年××装置，表中"卷号"采用阿拉伯数字从"1"开始排列，到实际卷数结束为止；"卷名"栏内应填写各卷封面（J101B）的"卷名"内容；表中"页数"指各卷的总页数（采用三位数编码，不足三位的在前面补0）；交工技术文件总目录的数据包括竣工图，当数据结束时，应在表中最后一行数据下面的"卷名"栏内填写"以下空白"词进行封闭。

5.9.5 J103"交工技术文件目录"为各专业工程卷的交工技术文件的目录。表中"序号"采用阿拉伯数字从"1"开始排列，到实际数据结束为止；"文件编号"指各表格表头左侧的编号，如不属于SH/T 3503—2017中的表格并且没有类似的编号，"文件编号"可以不填；"文件名称"栏内填写"表格名称"或"位号"与"表格名称"；"页次"指应填写每份文件首页上标注的页号，页次采用三位数编码，从001开始，页次最后一条格式特殊，应填写该文件的起止页，格式为"×××—×××"，如果最后一条仅为一页，也应写成"×××—×××"的形式，以此标志文件的终止。

5.9.6 J104"交工技术文件说明"由交工技术文件编制负责人填写。说明交工技术文件编制依据、文件主要内容以及工程施工中需要特别说明的事项。

5.10 建设工程项目交工技术文件按单项工程汇编，各卷组成应符合下列规定：

按综合卷、土建专业工程卷、设备安装工程卷、管道安装工程卷、电气安装工程卷、仪表安装工程卷、消防专业工程卷、电信工程卷、材料/设备质量证明卷、竣工图卷共十卷依次组卷。其中，竣工图卷由设计院负责组卷。

5.10.1 综合卷卷内文件包括以下主要内容：

（1）交工技术文件总目录。

（2）交工技术文件目录。

（3）交工技术文件总说明。

（4）施工组织设计及批复文件。

（5）开工/复工报告。

（6）重大质量事故处理报告。

（7）工程中间交接证书。

（8）工程交工证书。

（9）工程质量评定文件。

（10）交工技术文件移交证书。

5.10.2 专业工程卷卷内文件应包括：

（1）交工技术文件目录。

（2）交工技术文件说明。

（3）施工技术方案及交底记录。

（4）工程技术交底、图纸会审记录。

（5）开工报告。

（6）重大质量事故处理报告。

（7）工程中间交接证书。

（8）交工技术文件移交证书。

（9）工程设计变更一览表及工程设计变更单与工程联络单。

（10）合格焊工资料。

（11）施工质量验收记录。

（12）检测、试验报告。

5.10.3 材料、设备质量证明卷卷内文件包括：

（1）交工技术文件目录。

（2）交工技术文件说明。

（3）开箱检验记录。

（4）材料、设备质量证明文件。

（5）检测、复验报告。

5.10.4 竣工图卷卷内文件（设计院负责）包括：

（1）交工技术文件目录。

（2）交工技术文件说明。

（3）交工技术文件移交证书。

（4）竣工图。

5.10.5 各专业工程卷由综合册和施工记录册组成。第一册宜为综合册，且组册应符合下列规定：

综合册册内文件应包括：

（1）交工技术文件目录。

（2）交工技术文件总目录。

（3）交工技术文件说明。

开工报告；

（1）工程中间交接证书。

（2）工程变更一览表及设计变更单与工程联络单。

（3）合格焊工资料。

5.10.6 施工记录册文件应包括：

（1）土建工程。

包括钢结构、暖通设备和室内上下水。按施工记录、试验记录、工程质量验收记录的顺序汇编组册。但设备附属的钢操作平台应分别编入设备安装工程类交工技术文件中。土建工程用津资表格。

（2）设备安装工程。

按设备位号顺序、安装工序组册，同一设备的附属设备、附属设施，以及保温、保冷、脱脂、防腐及隔热耐磨衬里等交工技术文件宜一并编入。设备安装工程选用表格式见下表：

序号	名称	编号	页次
C.1	机器安装检验记录	SH/T 3503—J301	
C.2	轴对中记录	SH/T 3503—J302	
C.3	机组轴对中记录	SH/T 3503—J303	
C.4	空冷式换热器风机安装检验记录	SH/T 3503—J304	
C.5	机器组装质量确认记录	SH/T 3503—J305	
	以下省略		

交工技术文件设备安装工程用表的选用严格根据石油化工建设工程项目交工技术文件规定 SH/T 3503—2017 条文说明执行。

（3）管道安装工程。

包括室外给排水工程，宜按管道编号顺序、按安装工序顺序组册，阀门检验、保温、保冷、脱脂、防腐等的交工技术文件宜一并编入。管道安装工程用表格式见下表：

序号	名称	编号	页次
D.1	管道组成件验证性和补充性检验记录	SH/T 3503—J401	
D.2	阀门试验确认表	SH/T 3503—J402	
D.3	弹簧支/吊架安装检验记录	SH/T 3503—J403	
D.4	滑动/固定管托安装检验记录	SH/T 3503—J404	
D.5	管道补偿器安装检验记录	SH/T 3503—J405	
D.6	管道系统压力试验条件确认记录	SH/T 3503—J406-1	
D.7	管道系统压力试验记录	SH/T 3503—J406-2	
	以下省略		

（4）电气工程。

宜按供配电系统设备和系统位号顺序组册。电气安装工程用表格式见下表：

序号	名称	编号	页次
E.1	变电所受电条件确认表	SH/T 3503—J501	
E.2	盘、柜基础型钢安装质量验收记录	SH/T 3503—J502	
E.3	电缆桥架安装检查记录	SH/T 3503—J503	
	以下省略		

（5）仪表工程。

宜按控制、检测系统位号顺序组册。仪表安装工程用表格式见下表：

序号	名称	编号	页次
F.1	仪表设备校验确认表	SH/T 3503—J601	
F.2	节流装置检查记录	SH/T 3503—J602	
F.3	仪表管道压力试验记录	SH/T 3503—J603	
	以下省略		

（6）材料、设备质量证明卷。

（a）材料质量证明文件分专业类别按品种、规格、材质顺序组册；设备质量证明文件与产品技术文件也可按设备位号顺序组册。

（b）材料、设备质量证明文件都应为原件，部分原材料质量证明文件为复印件时，复印件需加盖材料供应部门的质量签章；分零的原材料质量证明文件为复印件时，除复印件需加盖材料供应部门的质量签章外，还应注明材料分零数量。

（c）设备质量证明文件及检测、复验质量证明文件不允许使用复印件。

（d）材料、设备质量证明文件成卷无须重复归档；多单元共有材料质量证明文件时，应分单元编制材料发放一览表予以注明。

（e）设备随机资料单独组册（如设备图纸、设备安装、操作手册等）归项目设备档案。

5.11 交工技术文件装订要求

5.11.1 文件装订。图纸不装订；文表类（如图纸目录、综合材料表、规格表、说明书等）超过5页需装订，横向表格的文字材料，表头朝装订线侧。采用线绳三孔左侧装订法装订，三孔位置分别为：上、下边距各70mm，中间等分，左边距15mm，装订要求不压字，装订的线头应该放在资料的后面。竣工图综合卷都是目录和文字材料，所以要求装订成一本；专业卷内如果一盒内出现几张文字、几张图，再几张文字、几张图的排列情况，不要将所有文字材料抽出装订。

5.11.2 页号。案卷封面、卷内目录、卷内备考表不打页码，从"交工技术文件封面"开始编写页码，页号应从"1"顺序编号。图纸的页号编写在图纸标题栏的右下角。如右下角没有空余地方，可编写在图纸标题栏外右上方；文表类的页号，页码编写位置以装订方向为准，与纸张书写方向无关。单面书写文件在右下角；双面书写文件，正面在右下角，背面在左下角。各档案盒之间，不能连续编写页码。页号应采用打码机打印，要求三位数连续编码，页号颜色为黑色。

5.12 卷皮规格及制成材料

5.12.1 案卷装具采用卷盒，卷盒由项目资料室统一提供。

5.12.2 卷皮应采用档案盒形式，其外表规格为310mm×220mm，厚度分别为10mm、20mm、30mm、40mm、50mm，用无酸牛皮纸板双裱压制。

5.12.3 卷皮封面内容及格式、卷皮背脊内容及格式按照业主档案管理要求执行；移交的交工技术文件应该用档案盒包装，便于保管和统计。

5.13 移交归档

5.13.1 工程中间交接后，项目总工程师组织进行交工技术文件的编汇、组卷工作，并对交工技术文件进行审核。

5.13.2 工程中交后三个月内项目技术部向总承包单位移交装订成册的全套交工技术文件进行审核。业主/监理在一个月内完成交工技术文件的审核、签章工作，审查合格后向业主档案室移交归档，并签署交工技术文件移交证书（SH/T 3503—J109）。

5.13.3 业主审核签章返还的一套纸质版交工技术文件，项目部资料员负责向公司档案室移交归档（适用时包括电子版交工技术文件），并填写竣工档案移交清单（JS0702），一式二份，一份交档案室，一份交公司技术信息部存档。

5.13.4 项目技术部在向技术信息部提供竣工档案移交清单的同时，提供一份工程交工证书原件交公司技术信息部存档。

6 过程管理文件编汇内容和要求

（1）各专业施工记录，由专业技术人员按照SH/T 3543—2017《石油化工建设工程项目施工过程技术文件规定》定期收集班组在工程过程中形成的文件、表格记录，定期整理汇总后交专业工程师编入过程管理文件中。

（2）各专业技术交底执行SH/T 3543—2017《石油化工建设工程项目施工过程技术文件规定》中的G111，由交底人负责整理交底记录，专业工程师收集，编入本专业过程管理文件中。

（3）项目工程部各单元、区域施工经理负责组织各自单元、专业之间的工序交接，并确认工序交接记录，由相关专业工程师将工序交接记录编入过程管理文件中。

（4）有关工程技术、质量方面的文件、会议记录，如项目质量例会等，由会议组织部门或文件发出部门将有关的会议纪要、文件交项目部资料室存档保存，由技术部、质量部部长负责进行整理或编汇。

（5）压力容器、压力管道、锅炉施工焊接材料管理记录，由项目供应部材料责任工程师按照 FCC/QG10.08《焊接材料管理办法》收集整理焊接材料管理记录，交工后交相关专业工程师编入过程管理文件中。

（6）项目资料员负责收集整理施工技术文件，交专业工程师编入过程管理文件中；其他与工程技术质量有关的记录。

7 过程管理交工技术文件通用表使用说明

（1）SH/T 3543—G101《封面》用于石油化工建设工程项目施工过程技术文件卷、册首页。

（2）SH/T 3543—G102《施工过程技术文件总目录》为建设工程项目的施工过程文件总目录，编列在施工过程技术文件卷首、册首的次页。"卷册名称"栏应填写各卷、册封面的"单位工程名称"或"工程类别"。表中"页次"系指各卷、册的总页次，如"1—20、21—30"。

（3）SH/T 3543—G103《施工过程技术文件目录》为各专业施工过程技术文件的目录，

编列在各专业施工过程技术文件卷首、册首的次页。表中"页次"栏指各过程记录文件的起始页号，各册文件统一编写页码，并标于页面的右下脚。"文件编号"栏填写文件编号。"文件名称"栏填写"表格名称"与专业工程名称/编号。

（4）SH/T 3543—G104《施工过程技术文件编制说明》，由文件的编制人填写。说明施工过程文件的编制依据、文件的概况、文件主要内容和相关文件所在卷、册以及工程施工中需要特别说明的事项。

（5）SH/T 3543—G105《施工过程技术文件归档 移交证书》为项目部施工过程文件编制人向档案部门接收人移交时签署的文件，该表编入施工过程技术文件的第1卷（综合卷）。

（6）SH/T 3543—G106《质量体系人员登记表》用于在工程项目上《GB/T 19001 质量管理体系 要求》和特种设备质量管理体系的责任人员的登记，管理的人员发生变动时，应及时补办任命手续并重新登记。

（7）SH/T 3543—G107《特种设备作业人员登记表》。根据《国家质量监督检验检疫总局关于修改〈特种设备作业人员监督管理办法〉的决定》（质检总局令第140号）（2011年5月3日）和《特种设备作业人员作业种类与项目》（质检总局公告2011年第95号）规定的锅炉、压力容器、压力管道、电梯、起重机械、场（厂）内机动车辆等特种设备的作业人员及其相关管理人员统称特种设备作业人员。特种设备作业人员应经考核合格取得《特种设备作业人员证》后方可从事相应的作业或管理工作，包括特种设备生产（安装、改造及维修）和使用两个领域的人员：一是特种设备操作人员，如电梯作业、起重机械作业、场（厂）内机动车辆、锅炉作业、压力容器作业、压力管道作业等人员；二是特种设备生产（安装、改造及维修）人员，如焊接、无损检测、起重机机械与电气安装维修等作业人员；三是特种设备管理人员。取得《特种设备作业人员证》的人员，应登记此表。

（8）SH/T 3543—G108《特殊工种作业人员登记表》。根据《特种作业人员安全技术培训考核管理规定》（国家安全生产监督管理总局令第30号），特种作业人员（如电工作业、金属焊接切割、起重机械作业和登高作业等作业人员）需要经过考试合格并取得证书后才能上岗作业。

（9）SH/T 3543—G109《周期检定计量器具清单》。施工人员使用的计量器具，应按国家检定规程规定的周期进行检定，具备有效的检定合格证，并填此表。

（10）SH/T 3543—G110《施工图核查记录》。设计交底前，施工单位由专业技术负责人组织专业工程师进行的图纸核查，填写此表。工程的不同阶段、不同专业可能进行多次施工图核查，且均应填写存档。

（11）SH/T 3543—G111《技术交底记录》。项目部专业工程师向施工作业人员进行技术交底后应填写此表。

（12）SH/T 3543—G112《工序交接记录》。土建基础完工后向设备、管道、电气、仪表等安装单位的交接，机器设备安装完毕向管道安装单位的交接等各专业工程之间的交接，均应填写此表。"组织交接单位/部门"栏视参建单位的组织形式而定，可为监理单位，也可以是建设单位或施工单位的管理部门。

（13）SH/T 3543—G113《质量控制点检查记录》。施工单位的质量检查部门检查C级质量控制点后填写此表；A、B级质量控制点应按SH/T 3903《石油化工建设工程项目监理规范》规定的有关用表填写。

（14）SH/T 3543—G114《二次灌浆记录》，二次灌浆指的是设备、钢结构等的底座与基础（或钢结构柱底板与基础）之间的灌浆。"灌浆料种类"栏应填写型号（标号）与名称，如C30细石混凝土等。"配合比"栏填写水、水泥、砂子和石子或水与专用灌浆料的配合比。

（15）SH/T 3543—G115~G121《焊条烘烤记录/焊剂烘烤记录/焊条发放回收记录/焊丝发放记录/焊剂发放记录/焊材库温度湿度记录/焊接作业现场环境温度湿度记录》，都是焊接作业的过程质量控制记录资料，涉及管道、仪表等相关专业，土建、设备、电气专业如有焊接一并执行。由供应部烘焙员/保管员填写，不应中断，每天上午、下午各记录一次。

（16）SH/T 3543—G122《施工检查记录》是兜底的表格，各专业、各种综合检查、专项检查均可使用，可以把表改为面单、增加附件以涵盖更多内容。要放进施工过程技术文件的各项检查均使用此表。

（17）SH/T 3543—G123《试验/调校记录》是通用表格，作为相关专业用表的一种补充，可根据需要自行设置格式。

（18）SH/T 3543—G124~G127是射线、超声、磁粉、渗透4种通用无损检测方法的过程记录，按照在可控的前提下尽量简化的原则，将检测工艺卡结合到检测记录中，同时对与工艺卡不一致的偏离情况、实际检测与委托情况不一致情况、未完成检测情况进行重点记录。

（19）SH/T 3543—G128《材料及配件检测委托单》是对材料及构配件进行检测时由供应部材料责任工程师进行委托时使用的材料，接收单位为无损检测单位。

（20）SH/T 3543—G129~G130是对材料、设备及构件进行无损检测时发现缺陷后进行图形记录时所填写的，填写单位为无损检测单位。

8 过程管理文件组卷、组册要求

工程过程管理文件按专业工程分类组卷，与交工技术文件的分类组卷保持一致，其中大中型工程项目应编制综合卷。

8.1 卷内分册规定

（1）安装专业工程的过程管理文件应按专业单独成册，每一册的厚度不宜超过40mm。

（2）土建工程的建筑物、构筑物、暖通空调、室内给排水、道路竖向、钢结构等专业一般应分别成册。

（3）保温、防腐、衬里等专业的过程管理文件一般应编入各相关专业卷内，有特殊要求时，也可单独成册。

8.2 卷内资料编排顺序

（1）综合卷内容见SH/T 3543—2017《石油化工建设工程项目施工过程技术文件规定》附录A，见下表。

序号	名称	编号	页次
A.1	封面	SH/T 3543—G101	5
A.2	施工过程技术文件总目录	SH/T 3543—G102	6
A.3	施工过程技术文件目录	SH/T 3543—G103	7
A.4	施工过程技术文件编制说明	SH/T 3543—G104	8
A.5	施工过程技术文件归档移交证书	SH/T 3543—G105	9
A.6	质量体系人员登记表	SH/T 3543—G106	10
A.7	特种设备作业人员登记表	SH/T 3543—G107	11
A.8	特殊工种作业人员登记表	SH/T 3543—G108	12
A.9	周期检定计量器具清单	SH/T 3543—G109	13
A.10	施工图核查记录	SH/T 3543—G110	14
A.11	技术交底记录	SH/T 3543—G111	15
A.12	工序交接记录	SH/T 3543—G112	16
A.13	质量控制点检查记录	SH/T 3543—G113	17
A.14	二次灌浆记录	SH/T 3543—G114	18
A.15	焊条烘烤记录	SH/T 3543—G115	19
A.16	焊剂烘烤记录	SH/T 3543—G116	20
A.17	焊条发放回收记录	SH/T 3543—G117	21
A.18	焊丝发放记录	SH/T 3543—G118	22
A.19	焊剂发放记录	SH/T 3543—G119	23
A.20	焊材库温度湿度记录	SH/T 3543—G120	24
A.21	焊接作业现场环境温度湿度记录	SH/T 3543—G121	25
A.22	施工检查记录	SH/T 3543—G122	26
A.23	试验/调校记录	SH/T 3543—G123	27
A.24	射线检测拍片记录	SH/T 3543—G124	28
A.25	超声检测记录	SH/T 3543—G125	29
A.26	磁粉检测记录	SH/T 3543—G126	30
A.27	渗透检测记录	SH/T 3543—G127	31
A.28	材料及配件检测委托单	SH/T 3543—G128	32
A.29	材料、设备及构件超声检测缺陷示意图	SH/T 3543—G129	33
A.30	材料、设备及构件表面无损检测缺陷示意图	SH/T 3543—G130	34

（2）施工技术文件（施工技术方案、产品工艺文件、作业指导书等）。

（3）有关工程技术、质量会议纪要等文件。

（4）其他综合性资料。

8.3　专业工程卷内容

（1）工程建设过程管理文件封面（G101）。

（2）过程管理文件目录（G103）。

（3）过程管理文件说明（G104）。

（4）交底记录（G111）。

（5）各专业施工过程记录见下列各表。

土建工程用表，见下表。

序号	名称	编号	页次
B.1	钢框架安装记录	SH/T 3543—G201	
B.2	钢桁架安装记录	SH/T 3543—G202	
B.3	钢网架安装记录	SH/T 3543—G203	
B.4	钢吊车梁安装记录	SH/T 3543—G204	
B.5	高强度螺栓连接检查记录	SH/T 3543—G205	
B.6	钢筋混凝土构件吊装检查记录	SH/T 3543—G206	
B.7	建筑工程防腐蚀施工检查记录	SH/T 3543—G207	
B.8	防火层施工检查记录	SH/T 3543—G208	
B.9	地基钎探记录表	SH/T 3543—G209	
B.10	大体积混凝土测温记录	SH/T 3543—G210	

设备安装工程施工用表，见下表。

序号	名称	编号	页次
C.1	机器拆检及组装记录	SH/T 3543—G301	
C.2	齿式联轴器组装记录	SH/T 3543—G302	
C.3	膜片式联轴器组装记录	SH/T 3543—G303	
C.28	转子位置检查记录	SH/T 3543—G328	
C.29	炉砖架安装检查记录	SH/T 3543—G329	
	以下省略		

管道工程施工用表，见下表。

序号	名称	编号	页次
D.1	连接机器管道安装检查记录	SH/T 3543—G401	
D.2	管道焊接接头报检/检查记录	SH/T 3543—G402	
D.3	带方向闸阀安装检查记录	SH/T 3543—G403	

续表

序号	名称	编号	页次
D.4	金属环垫/透镜垫安装检查记录	SH/T 3543—G404	
D.5	管道材料发放记录	SH/T 3543—G405	
D.6	阀门检验试验记录	SH/T 3543—G406	
	以下省略		

电气工程施工用表，见下表。

序号	名称	编号	页次
E.1	电气设备交接试验记录首页	SH/T 3543—G501	
E.2	交流电动机试验记录	SH/T 3543—G502	
E.3	直流电动机试验记录	SH/T 3543—G503	
E.4	电力变压器试验记录	SH/T 3543—G504	
E.5	电压互感器试验记录	SH/T 3543—G505	
E.6	电流互感器试验记录	SH/T 3543—G506	
	以下省略		

仪表工程施工用表，见下表。

序号	名称	编号	页次
F.1	变送器/转换器调校记录	SH/T 3543—G601	
F.2	调节阀/执行器/开关阀调校记录	SH/T 3543—G602	
F.3	工艺开关调校记录	SH/T 3543—G603	
F.4	物位仪表调校记录	SH/T 3543—G604	
F.5	就地指示仪调校记录（直读式压力计、温度计）	SH/T 3543—G605	
F.6	指示/记录仪调校记录	SH/T 3543—G606	
	以下省略		

起重机械安装施工用表，见下表。

序号	名称	编号	页次
G.1	压力容器产品质量证明书	SH/T 3543—G701	
G.2	压力容器产品合格证	SH/T 3543—G702	
G.3	压力容器产品数据表	SH/T 3543—G703	
G.4	产品主要受压元件使用材料一览表（含焊接材料）	SH/T 3543—G704	
G.5	产品制造变更报告	SH/T 3543—G705	
G.6	加工/组装检验记录	SH/T 3543—G706	
G.7	焊工分布图	SH/T 3543—G707	
G.8	焊接接头表面质量检查记录	SH/T 3543—G708	
G.9	产品焊接试件力学和弯曲性能检验报告	SH/T 3543—G709	
G.10	压力试验检验报告	SH/T 3543—G710	

序号	名称	编号	页次
G.11	压力容器外观及几何尺寸检验报告	SH/T 3543—G711	
G.12	设备热处理报告	SH/T 3543—G712	
G.13	设备开孔接管检查记录	SH/T 3543—G713	

9 过程管理文件编汇格式及装订要求

9.1 编汇格式要求

（1）过程管理文件宜保持原始记录，并应保证装订整齐、卷面清楚。

（2）过程管理文件采用A4幅面。

（3）过程管理文件只编汇一份，工程竣工后交公司档案室保存。

9.2 装订要求

（1）过程管理文件应采用线绳装订

（2）过程管理文件应在成册后用打号机打印页码，正反面均有文件时，单数页打印在资料右下角，双数页打印在资料左下角。

（3）由项目资料员（组织）进行资料装订。

9.3 移交归档要求

（1）项目资料员负责向公司档案室办理竣工档案移交手续，填写"竣工档案移交清单"（JS0702），一式两份，一份交档案室，一份交技术信息部。

（2）当工程/产品交工技术文件以电子版提供时，同时提供过程管理文件电子版。

10 过程管理文件电子文档整理归档

10.1 电子档案格式

电子档案（包括文件和图纸）以 PDF 为通用格式。

10.2 电子档案移交份数

电子档案（包括文件和图纸）移交份数为一式两份，一份封存保管，一份供查阅利用。

10.3 电子档案存储载体

（1）电子档案采用只读光盘存储，存储电子文件的光盘或装具上应贴有标签，标签上应注明载体序号、名称、保管期限、存入日期等，归档后的电子文件的载体应设置成禁止写操作的状态。

（2）光盘标签的制作：交工技术文件由施工单位负责，标签的样式见下图一和图二（图一和图二可任选一种）。

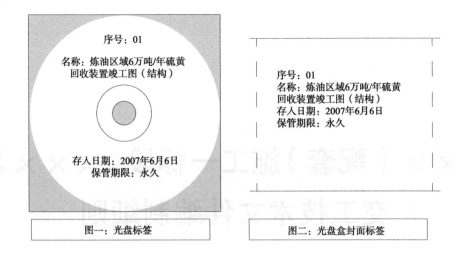

| 图一：光盘标签 | 图二：光盘盒封面标签 |

10.4　电子档案的鉴定

归档电子文件必须经相关部门鉴定合格后，才能正式归档。交工技术文件由总承包单位、监理单位和建设单位项目负责人三方共同审核，并由负责人签署审核意见。

10.5　电子交工技术文件资料卷说明

（1）鉴于创建电子交工技术文件的主要目的是利用这些文件，所以PDF格式的电子交工技术文件资料卷可以没有签名和盖章。

（2）为了便于利用，电子交工技术文件资料卷每卷封面的建设单位、监理单位、总承包单位、施工单位名称及负责人栏应采用计算机打印，以代替签名和盖章。计算机打印的单位名称和负责人姓名必须与纸质版名称一致，文字格式为五号楷体加黑。电子交工技术文件资料部分以册为单位编制，一册为一个电子文件。

（3）电子交工技术文件资料卷名称必须与纸质版一致，电子交工技术文件资料卷名称由纸质交工技术文件的工程名称、卷名组成。

（4）对于部分交工技术文件（如质量证明文件）施工单位没有电子版的，采用扫描纸制文件的方式获取图像，并将图像转换成PDF格式。

（5）电子交工技术文件排列顺序与纸质交工技术文件一致。

10.6　电子文件的归档

电子文件归档时，移交部门应将相应的电子文件机读目录、相关软件、其他说明等一同归档。归档电子文件应以盘为单位填写《归档电子文件登记表》首页，以件为单位填写续页。

×××（配套）施工一标段–×××段交工技术文件编制细则

编制：

审核：

批准：

×××工程有限责任公司

×××年×月

一、适用范围

本细则适用于×××（配套）施工一标段-×××段交工技术文件的编制、整理、移交、归档工作。

二、项目及单位工程名称

1.项目名称：×××（配套）

2.单位工程名称：施工一标段-×××段

三、编制依据

1.SY/T 6882—2012《石油天然气建设工程交工技术文件编制规范》

2.SH/T 3503—2017《石油化工建设工程项目交工技术文件规定》

3.SH/I 3903—2017《石油化工建设工程项目监理规范》

4.SH/T 3543—2017《石油化工建设工程项目施工过程技术文件规定》

5.SY/T 4209—2016《石油天然气建设工程施工质量验收规范 天然气净化厂建设工程》

6.SY/T 4200—2007《石油天然气建设工程施工质量验收规范 通则》系列标准

7.SH/T 3508—2011《石油化工安装工程施工质量验收统一标准》

8.DA/T 28—2018《建设项目档案管理规范》

9.Q/SH 0704—2016《建设工程项目档案管理规范》

10.《×××交工技术文件编制方案》

11.×××公司信息中心（档案）相关要求

四、交工技术文件质量要求

1.交工技术文件按照施工阶段及时收集，确保文件准确、有效，并能全面反映工程建设活动和工程实际状况。

2.交工技术文件载体和书写材料应满足长期保存的要求，应采用耐久性强的书写材料，严禁使用易褪色的书写材料（如红色墨水、纯蓝墨水、铅笔、圆珠笔、复写纸等）。

3.归档的项目文件应为原件，因故用复制件归档时，应加盖复制件提供单位的公章或档案证明章，确保与原件一致。

4.交工技术文件应字迹清楚，图表清晰，编号、签证规范；签字盖章完备；所有签字栏、意见栏必须由责任人手签，不得代签。

5.交工技术文件表格的栏目应填写齐全，不需填写的栏目应标以"/"；当栏目内容较少，填写不完全而有空余时，应在最后一行文字下面填写"以下空白"词句进行封闭；禁止私自改动表格样式。

6.交工技术文件中非本单位形成的结论性意见应手工填写，各项签署禁止代签。

7.数码照片像素应在800万以上，单幅照片不小于3M。

8.外文资料或图纸的题名、目录应译成中文；成批的外文资料或图纸应有中文说明及中文清单。

五、交工技术文件的编制

1.本工程交工技术文件通用卷执行SH/T 3503—2017《石油化工建设工程项目交工技术文件规定》；技术卷执行SY/T 6882—2012《石油天然气建设工程交工技术文件编制规范》；施工过程技术文件执行SH/T 3543—2017《石油化工建设工程项目施工过程技术文件规定》。

2.按照工程进度同步形成、积累、编制交工技术文件，包括各专业的工程材料质量证明文件、工程检测报告、工程设计变更一览表、工程联络单一览表的汇编。

3.根据《×××交工技术文件编码规则》建立本工程编码体系。

4.各类方案、总结等文件应编制封面，封面内容包括文件名称、编制人、审核人、批准人、日期、单位落款（盖章），其中，编制人、审核人、批准人必须由本人手写签署。

5.管道无损检测结果汇总由无损检测单位编制移交。

6.按管道编号确认管道焊接接头实际无损检测比例，在管道焊口布置图上标识焊缝编号、施焊焊工代号、固定口位置、检测焊缝位置及无损检测种类、返修标识。

7.各类报审报验文件及其附件应按照报审表在前、相关附件在后的顺序对应编制，设备和材料进场报审所附的报验清单不能直接采用SH/T 3503—2017规范中的材料质量证明文件一览表，而是要将该表中的规范号、签署栏删除，表格名称改为"报验清单"。

8.纸版交工技术文件用纸规格应为A4（297mm×210mm）。具体要求如下。

8.1 文字材料

（1）封面格式：

题名：上空三行，二号加粗黑体字，居中，分一行或多行居中排布，回行时要做到词义完整、排列对称，行距设置为固定值45磅。

落款（单位署名、日期等）：下空三行，三号加粗黑体字，左对齐、空四格，行距为30磅。

注：单位署名要与印章名称一致，日期在落款单位署名下方，用阿拉伯数字将年、

月、日标全，年份应当标全称，月、日不编虚位（即"1"不编为"01"）。

（2）正文格式：

（a）标题上、下各空一行，采用三号加粗宋体字，居中。

（b）章的标题采用小四号加粗宋体字。

（c）条的标题采用五号加粗宋体字。

（d）条的内容采用五号宋体字。

（e）行距为1.5倍。

8.2 文件表格

表头左侧栏内的字体为标准黑体五号字；表头中部表格名称为宋体加粗三号字；其他各栏文字为标准宋体五号字；录入文字为楷体字五号。

8.3 页边距设置

（1）竖排版的文件左边距25mm、上边距20mm、右边距20mm、下边距20mm，装订线位置在左侧。

（2）横排版的文件左边距20mm、上边距25mm、右边距20mm、下边距20mm，装订线位置在上部。

9.电子版交工技术文件应符合下列规定

（1）交工技术文件电子版应与其对应的纸质版一致，其归档格式应符合GB/T 50328要求。

（2）交工技术文件电子版应以纸质版卷内目录中的序号为编制单元，一个序号的文件为一个电子文件，一卷为一个文件夹，文件夹名称与对应纸质版案卷卷名相同。

10.工程影像记录

同步做好各阶段关键工序、隐蔽工程、重要节点、重要部位、重大活动等的声像档案的收集、整理、归档工作。

六、交工技术文件的整理、组卷

1.收集

按照施工进度，结合Q/SH 0704—2016附录B同步做好各阶段交工技术文件的收集工作，开展预立卷工作。

2.整理组卷

2.1 交工技术文件的整理包括分类组卷、编目、装订等环节，各卷内均应有案卷封面、卷内目录、交工技术文件封面及目录（总目录）和交工技术文件说明，并加入备考表。

2.2 交工技术文件按子单位工程编制，施工文件、材料质量证明文件、设备出厂资料应按专业分类。

2.3 设立单位工程综合卷，结合子单位工程、分部工程按材料质量证明卷、建筑工程技术卷、管道安装技术卷、设备安装卷、电气安装技术卷、自控通信技术卷、设备出厂资料、声像文件卷等专业分类排序组卷。

2.4 单位工程综合卷（按文件属性及时间顺序汇编，参考Q/SH 0704—2016）。组卷内容包括：项目部成立及印章启用文件，工程开工报审文件，施工技术支撑文件，图纸会审纪要，设计交底，设计变更一览表及设计变更单，工程联络单一览表及工程联络单，单位工程划分，单位工程质量验收记录，工程中间交接证书，施工总结，等等。

2.5 分部工程和分项工程质量验收记录编入专业工程技术卷。

2.6 施工记录应按施工工序顺序排列，并符合下列要求：

2.6.1 建筑工程类应结合子单位工程、分部、分项工程顺序组卷，卷内文件应按施工物资资料、施工记录、施工试验记录、过程质量验收记录等文件组卷。

2.6.2 管道安装工程类应结合子单位工程和分部工程按管道工艺流程、施工工序顺序排列，一般线路和定向钻分开组卷。

2.6.3 设备安装工程类应按子单位工程组卷，动、静设备分别组卷。其中，整体到货的设备，卷内文件应按设备类别、位号、施工工序顺序组卷。

2.6.4 电气安装工程类应按子单位工程整理，按系统供电顺序、设备位号及安装工序编排。

2.6.5 自控通信安装工程类应按子单位工程整理，按系统及施工工序顺序编排。

2.7 材料质量证明文件按照专业或材料使用位置及材料类型组卷；编制材料质量证明文件一览表，材料质量证明文件按一览表顺序依次排列；一览表中的"自编号"填写为：报验单位编号＋报验文件序号。

2.8 设备出厂资料组卷应符合下列规定：

2.8.1 按单台或成套采购的设备，宜单台或成套设备组卷。

2.8.2 设备出厂质量证明文件、设备使用维护说明书、图纸等技术资料应归档原件，且应按设备开箱检验记录、设备出厂质量证明文件、设备使用维护说明书、图纸的顺序排列，归档组卷时可不做拆分或合并装订。

3.案卷编目

应符合GB/T 11822的规定，案卷封面、卷内目录和备考表执行建设单位档案部门要求：

3.1 案卷封面执行GB/T 11822的规定，应填写档号、案卷题名、立卷单位、起止日期、保管期限、密级，该项目将案卷封面作为案卷内封面进行装订（编制规范执行档案部门要求）。

（1）档号：由×××档案室统一分配。

（2）案卷题名应按照单位工程、子单位工程或分部工程简明、准确地表述卷内文件材料的内容，并且文件名称具有唯一性。

（3）立卷单位：填写文件组卷单位。

（4）起止日期：填写卷内目录中文件形成的起止日期，格式为"××××—××—××"。

（5）保管期限：依据《×××归档范围及保管期限表》规定填写。

（6）密级：据实填写，没有密级可以不填。

3.2 交工技术文件总目录/目录（SH/T 3503—2017 J102/J103）

（1）序号：填写阿拉伯数字，从"1"开始。

（2）卷号：按照"1/××–××/××"顺序填写。

（3）文件编号：应填写文件文号、文件编号、工程编号或型号或图号或代字、代号等，无则空白。

（4）文件名称：填写文件名称及文件内容主题；各类报审报验及其附件按照一条目录编写，不要分开；要求前后格式一致，有位号、管线号等的将位号、管线号写在前，文字性描述写在后。

（5）页数：应填写独立装订的各案卷的总页数。

（6）页次：应填写每份文件首页上标注的页号，从1开始；最后一条格式特殊，应填写该文件的起止页，格式为"×××—×××"；如果最后一条仅为一页，也应写成"×××—×××"的形式，以此标志文件的终止。

（7）目录表格末尾最后一条文件题名下应注明"以下空白"进行封闭。

3.3 交工技术文件封面

（1）本工程采用SH/T 3503—2017 J101A表。

（2）右上角卷号按照"第×/××卷"填写。

（3）工程名称：填写"×××迁建及配套设施改造工程（配套）"，卷名填写"施工一标段–×××段＋案卷内容"。

3.4 交工技术文件说明（SH/T 3503 J104）。

交工技术文件说明中要包含以下基本项：

（1）项目概况。

（2）编制依据。

（3）案卷划分（仅限于综合卷）。

（4）本卷主要内容。

（5）其他说明。

4.页号编写及装订规范

4.1　案卷封面、卷内目录、卷内备考表不编制页码。

4.2　卷内文件编页要连续，不可中断、漏页，页号编制用黑色碳素笔。出现漏编时，增页超过5个的需要重新编写页码；少于5个的，延续接着上一页"-1""-2"等方式，例如"133-1""133-2"；在最后一页用"—"划掉原页码，上方规范书写正确页码，备考表中填写页数增加情况及总页数说明（如"本卷第133-1、133-2页为增页，实际卷内总页数为330页"）。

4.3　页码编写位置：单面书写文件，页码在右下角；双面书写文件，正面页码在右下角，背面页码在左下角。

4.4　交工技术文件按卷装订，各卷从"交工技术文件封面"开始编写，页号应从"1"顺序编号。

4.5　设备出厂资料宜按件装订，按件独立编写页号，各件之间不连续编页。

4.6　幅面大于A4的文件应按GB/T 10609.3规定折叠，叠放整齐，严禁乱涂或掉页等。．

4.7　案卷装订不宜过厚，以≤4cm为宜。

4.8　装订及裁切不得损坏文件信息。

七、交工技术文件的交付

（1）按照交工后3个月初步归档、6个月档案验收的目标，在完成施工文件组卷，经本单位自查后，依次提交监理单位、建设单位工程管理部门、质监机构对文件的完整、准确情况进行审查，经建设单位工程管理部门确认并办理交接手续后连同审查记录全部交×××档案室。

（2）归档套数：纸质文件正本一套、副本两套，电子文件两套。

（3）按照×××档案室要求，完成电子文件、声像资料整理后，按照电子文件与纸质正本一一对应原则，完成在中国石化档案管理系统的录入上传。

第三节 自检报告

一、全面自检

项目档案验收前，项目建设单位（法人）应组织项目设计、施工、监理等方面负责人以及有关人员，根据档案工作的相关要求，依照建设项目档案的验收内容及要求进行全面自检。

二、重大建设项目档案验收内容及要求

（一）项目档案的基础管理工作

（1）项目建设单位（法人）认真执行国家档案工作法律法规，建立健全项目档案工作各项规章制度，建立了切合实际的项目档案工作管理体制和工作程序。

（2）项目建设单位（法人）对项目档案工作实行统一管理，对本单位各部门和设计、施工、监理等参建单位进行有效的监督、指导，确保项目档案工作与项目建设同步进行。

（3）项目档案工作实行领导负责制，确定了负责项目档案工作的领导和部门，实行了各部门和有关人员档案工作责任制，并采取了有效的考核措施。

（4）项目文件材料的收集、整理和归档纳入合同管理，要求明确，控制措施有力。

（5）配备适应工作需要的档案管理人员，档案管理人员须经过档案管理专业培训。

（6）采用先进信息技术，实现项目档案管理的信息化。

（7）保证档案工作所需经费，配备了计算机、复印机及声像器材等必备的设施设备，且性能优良，可满足工作需要。

（二）项目档案的完整、准确、系统情况

（1）按照DA/T 28—2018《建设项目档案管理规范》，结合项目产生文件材料的实际情况，检查项目档案的完整性、准确性、系统性。

（2）项目文件材料的收集、整理、归档和项目档案的整理与移交符合DA/T 28—2018《建设项目档案管理规范》及GB/T 11822—2008《科学技术档案案卷构成的一般要求》。

（三）项目档案的安全

（1）档案库房采取防火、防盗、防有害生物和温湿度控制措施，档案库房与阅览、办公用房分开。

（2）档案柜架、卷盒、卷皮等档案装具符合标准要求。

（3）归档文件材料的制成材料和书写材料符合耐久性要求。

（4）采取有效措施保证档案实体和信息安全。

三、自检报告

建设单位应组织完成项目全过程文件材料的自检，并形成自检报告发验收组织单位。其主要内容包括：建设项目概况；项目档案工作的管理体制；项目文件材料的形成、积累、整理归档工作情况；项目档案的完整性、准确性、系统性、规范性、安全性评价；竣工图的编制情况及质量；项目档案在项目建设、管理、试运行中的作用；存在的问题及解决措施，等等。

第四节 验收申请

一、验收时间和申请验收条件

（一）验收时间

建设项目档案验收，应在项目竣工验收3个月前完成。

（二）申请验收应具备的条件

（1）项目主体工程和辅助设施已按照设计建成，能满足生产或使用的需要；生产出合格产品或者项目试运行指标考核合格。

（2）完成项目建设全过程各类文件材料的收集、整理与归档工作。

（3）归档文件材料的分类、排列、编号、组卷、编目等案卷质量符合GB/T 11822—2008《科学技术档案案卷构成的一般要求》、DA/T 28—2018《建设项目档案管理规范》、Q/SH 0704—2016《建设工程项目档案管理规范》等标准规范要求。

（4）建设单位已组织对勘察、设计、监理、施工、检测、采购等单位归档文件的完整性、准确性和规范性进行审查，并形成审查意见。

（5）建设单位已组织完成项目全过程文件材料的自检，并形成自检报告。

（6）档案保管设施、设备及档案利用符合国家和中国石化的管理规定。

二、验收申请

建设单位应向验收组织单位提交档案专业验收请示（示例1）和《中国石化建设项目档案专业验收申请表》（表样和示例2）。验收组织单位应在收到验收请示10个工作日内做出回复。

示例 1：

关于 ××工程项目档案专业验收的请示

集团公司综合管理部：

我公司××工程总投资××××万元，××××年××月××日开工建设，××××年××月××日中交，××××年××月××日交工。

根据工程验收总体安排，该项目已完成全部档案材料的收集、整理工作，并按《中国石化建设项目档案验收细则》进行了自检，具备档案专业验收条件，特申请安排对该项目进行档案专业验收。

妥否，请批示。

附件：1.中国石化建设项目档案专业验收申请表

2.自检报告

××××× （单位盖章）

××××年××月××日

（联系人：×××，电话：×××-×××××××）

表样：

中国石化建设项目档案验收申请表

项目名称			
项目批准（核准）单位		验收地点	
申请单位		项目投资额	
建设时间		设计单位	
施工（总承包）单位		监理单位	
档案验收计划日期		项目竣工验收计划日期	
联系人		电话	
建设单位自检情况	（单位盖章） 年　月　日		
组织验收单位意见	（单位盖章） 年　月　日		

示例2：

中国石化建设项目档案专业验收申请表

项目名称	××工程		
项目批准 （核准）单位	××××	验收地点	××××
申请单位	××公司	项目投资额	××××万元
建设时间	××××年××月××日— ××××年××月××日	设计单位	××设计有限公司
施工（总承包）单位	××××公司	监理单位	××工程监理有限公司
档案验收计划日期	××××年××月	项目竣工验收 计划日期	××××年××月
联系人	×××	电话	×××-×××××××
建设单位 自检情况	××工程项目档案管理体制和管理制度健全，档案管理设施完备，项目档案收集、整理工作已全部完成，案卷整理规范，档案交接审核手续齐全，达到完整、准确、系统、安全要求，具备档案专业验收条件。 （单位盖章） 年　月　日		
组织验收 单位意见	（单位盖章） 年　月　日		

三、常见问题

部分申请单位向验收组织单位行文请示，抬头出现错误。比如：申请单位是股份公司下属分（子）公司的，请示应上报给股份公司总裁办，而不应是集团有限公司综合管理部；部分专业板块的申请单位，请示应上报给上级公司，不应越级直接上报给总部。

由国家档案局委托组织的项目档案验收，应按照隶属关系，先向上级单位申请，最终由总部向国家档案局上报请示。

四、公文格式要求

有关公文版面、版头、主体、抄送机构、印发机关和印发日期等的格式一般要求如下。

（一）公文用纸版面要求

1. 版面

（1）页边与版心尺寸。公文用纸天头（上白边）为 37mm ± 1mm，订口（左白边）为 28mm ± 1mm，版心尺寸为 156mm × 225mm。

（2）一般每面排22行、每行排28个字，并撑满版心。特定情况可以作适当调整。

2. 字体和字号

公文格式各要素用3号仿宋体字，工作表单和表格用4号仿宋体字。

3. 行数和字数

一般每面排22行，每行排28个字，并撑满版心。特定情况下可以作适当调整。

4. 文字颜色

除发文机关标志外，公文中文字的颜色均为黑色。

（二）版头

1. 文件份数序号

公文份数序号是将同一文稿印制若干份每份公文的顺序编号。如需标识文件份数序号，用6位黑体阿拉伯数字自"000001"开始顶格编排在版心左上角第一行。

2. 密级和保密期限

如需标注密级和保密期限，用3号黑体字，顶格编排在版心左上角第二行；保密期限中的数字用阿拉伯数字标注。

3. 版头中的分隔线

发文字号之下4mm处居中印一条与版心等宽的红色分隔线。

（三）主体

1. 标题

（1）字体为2号小标宋体字。编排在红色分隔线下空两行位置，分一行或多行居中排布。多行标题排列应使用正梯形、倒梯形或者菱形，不采用上、下长度相同的长方形和上、下长且中间短的沙漏形。

（2）标题中标点符号使用要求：法律、法规、规章名称全称应加书名号，简称不加书名号；发文机关名称部分如有多家联合行文，各发文机关名称用空格隔开，事由部分如出现多个机关、人名并列时，每个机关、人名之间应用顿号隔开，不使用空格；并非所有特定词语都加引号，加引号的特指词通常含有特殊字符，如"互联网+"。如是试行的法规办法、规章制度，"试行"两字应在圆括号内放在标题后、书名号内。

2. 附件说明

（1）在正文下空一行之后，左空二字开始标注"附件"二字，后标全角冒号和附件名称。附件名称较长需回行时，应与上行附件名称的首字对齐。附件名称后不标注标点符号。

（2）两个及以上附件，附件名称前面用阿拉伯数字标注附件的顺序号，顺序号后面用实心全角句点（如"附件：1.×××××"）。

3. 发文机关署名和成文日期

（1）加盖印章的公文：单一机关行文时，一般在成文日期之上、以成文日期为准居中编排发文机关署名；联合行文时，一般将各发文机关署名按照发文机顺序整齐排列在相应位置。

（2）不加盖印章的公文：单一机关行文时，在正文（或附件说明）下空一行右空二字编排发文机关署名，在发文机关署名下一行编排成文日期，首字比发文机关署名首字右移二字，如成文日期长于发文机关署名，应使成文日期右空二字编排，并相应增加发文机关署名右空字数；联合行文时，应先编排主办机关署名，其余发文机关署名依次向下编排。

（3）成文日期一般右空四字编排，用阿拉伯数字将年、月、日标全，年份应标全称，月、日不编虚位（即"1"不编"01"）。

4. 附注

使用3号仿宋体字，居左空二字加圆括号编排在成文时间下一行，并在文字外加圆括号，回行时顶格。

5. 附件

（1）附件应当另面编排。当附件为纸件时应与公文正文一起装订。

（2）"附件"二字及附件顺序号用3号黑体字顶格编排在页面左上角第一行，顺序号后无须加冒号。附件标题居中，编排在页面第三行。

（3）附件顺序号、标题应当与附件说明的表述一致。

（4）附件标题字体为2号小标宋体字。

6.页码

用4号半角宋体阿拉伯数字，编排在公文版心下边缘之下，数字左右各放一条一字线；一字线上距版心下边缘7mm。单页码居右空一字，双页码居左空一字。公文的版记页前有空白页的，空白页和版记页均不编排页码。公文的附件与正文一起装订时，页码应当连续编排。

7.印章

（1）印章使用红色，单一机关行文时，加盖在成文日期之上，以成文日期为准居中编排发文机关署名，印章端正居中下压成文时间，印章顶端上距正文或者附件说明一行之内。

（2）联合行文需加盖两个印章时，应将成文时间拉开，左右各空7字；主办机关印章在前；两枚印章均压成文时间，印章用红色。两印章间互不相交或相切，相距不超过3mm。

（3）当联合行文需加盖3个以上印章时，为防止出现空白印章，应将各发文机关名称（可用简称）排在发文时间和正文之间，主办机关印章在前，每排最多排3个印章，两端不得超出版心；最后一排如余一个或两个印章，均居中排布；印章之间互不相交或相切；在最后一排印章之下右空2字标识成文时间。

（4）当印章下弧无文字时，采用下套方式，即印章下弧压在成文时间上；当印章下弧有文字时，采用中套方式，即印章中心线压在成文时间上。

8.特殊情况说明

当公文排版后所剩空白处不能容下印章位置时，应采取调整行间距、字间距的措施加以解决，务必使印章与正文同处一面，不采取标识"此页无正文"的方法解决。

9.计量单位、标点符号和数字使用

公文中计量单位的使用应当符合GB 3100、GB 3101和GB 3102（所有部分），标点符号的使用应当符合GB/T 15834，数字的使用应当符合GB/T 15835。实际执行中，总体上要把握住：计量单位须使用法定计量单位，定性的词、词组、成语、惯用语、缩略语或具有修辞色彩的词语中作为语素的数字须使用汉字，公历世纪、年代、年、月、日、时、分、秒须使用阿拉伯数字。

（四）抄送机关

（1）如有抄送机关，使用4号仿宋体字，在印发机关和印发日期之上一行，左右各空一字编排。"抄送"二字后加全角冒号和抄送机关名称，回行时与冒号后的首字对齐，最后一个抄送机关名称后标句号。

（2）如需把主送机关移至版记，编排方法同抄送机关。既有主送机关又有抄送机关时，应当将主送机关置于抄送机关之上一行，之间不加分隔线。

（3）决定类公文的主送机关应编排在版记内。

（五）印发机关和印发日期

使用4号仿宋体字，编排在末条分隔线之上，印发机关左空一字，印发日期后加"印发"二字且右空一字，用阿拉伯数字将年、月、日标全，年份应当标全称，月、日不编虚位。印发日期以公文付印的日期为准。

（六）公文中的表格

公文正文不编排表格。公文附件如需表格，对横排A4纸型表格，应将页码放在横表的左侧，单页码置于表的左下角，双页码置于表的左上角，单页码表头在订口一边，双页码表头在切口一边。对A3纸型表格，且最后一页为A3纸型表格时，封三、封四应为空白，将A3纸型表格编排在封三前，不应编排在公文最后一页（封四）上。

（七）电子公文生成格式和质量标准同纸质公文，严格按照中国石化《电子公文运行管理办法》执行

第五节　建设单位汇报

建设单位汇报项目建设概况和档案管理情况。一般应提前编制书面材料，汇报时建议采用图文并茂的PPT演示文稿等方式。

一、项目建设概况

项目建设概况主要包括：项目建设内容，项目批复与行政许可等相关手续办理情况，招标情况，参建单位情况，主要单元和实物量，项目里程碑控制点完成情况，等等。

二、项目档案管理情况

档案管理情况主要包括：项目档案工作的组织领导，项目文件的管理控制措施，制度建设情况，收集整理工作情况，各阶段归档数据情况，安全保管情况，未完成的工作及存在的问题，等等。

三、国家重点建设项目验收

国家档案局组织的项目档案验收，一般先播放反映项目建设情况的专题片，汇报应按照验收通知要求，提前准备以下材料：

（1）档案管理规章制度。

（2）档案业务指导（会议、培训、检查、评估、阶段验收等）相关记录。

（3）档案分类编号方案。

（4）档案检索工具（案卷目录、卷内目录等）。

（5）项目划分表。

（6）招投标清单、合同清单、设备清单。

（7）档案编研、利用情况。

（8）档案检查、预验收意见及整改情况等。

第六节　监理单位汇报

监理单位（或合同规定的履行项目档案质量审核责任的单位）汇报交工技术文件质量审核和监理文件归档情况。监理单位除了汇报"四控三管一协调"相关内容外，还要重点汇报"三管"中文档管理有关项目交工技术文件质量审核和竣工图审核签署情况，包括监理文件编制、审核和归档情况。

监理单位汇报（提纲）可参照如下示例：

××项目交工技术文件质量审核及监理文件归档情况汇报（提纲）

一、项目概况

二、监理机构情况

1.人员配备

2.资源配备情况

三、监理文件编制、审核和归档情况

1.文件编制情况

2.监理组内部过程资料编制与整理情况

3.监理文件的程序管理

4.监理文件归档情况

四、对交工技术文件的管理情况

1.交工技术文件的管理范围

2.交工技术文件管理的责任分工

3.交工技术文件的管理程序

4.交工技术文件的质量要求

5.对交工技术文件的审核（含竣工图审核签署）

第七节　验收意见

一、主要内容

项目档案验收合格的项目，由验收组出具项目档案验收意见。验收意见主要内容包括：项目档案验收的依据和组织；项目档案管理基本情况；项目档案的形成、积累、整理与归档工作情况；项目档案的完整性、准确性、系统性、规范性、安全性评价；验收结论；存在问题和整改要求。

对国家重点建设项目，一般应在自检和联合检查整改完成后，申请档案预验收；国家档案局一般会委托集团公司进行档案预验收，预验收合格后，由验收组出具预验收意见；建设单位完成问题整改后，将相关材料报上级单位；最后，由集团公司综合管理部向国家档案局申请项目档案验收。

项目档案验收结果分为"合格"与"不合格"。项目档案验收组半数以上成员同意通过验收的为合格。验收不合格的项目，由验收组提出整改意见和复验日期。要求项目建设单位（法人）于项目竣工验收前对存在的问题限期整改，并按期申请复验。复验仍不合格的，不得进行竣工验收，并由项目档案验收组提请有关部门对项目建设单位（法人）通报批评，造成档案损失的，应依法追究有关单位及人员的责任。此外，还应由档案验收组织单位向同级工程管理部门报告，建设单位应重新申请验收。

二、验收意见报送

验收合格后，建设单位应及时将验收意见、验收组成员签字表、验收评分表和验收登记表报送验收组织单位。验收组织单位在验收登记表上签署意见并加盖公章后，由验收组织单位和建设单位分别存档。验收会议文件及记录由建设单位存档。二类项目在通过验收的7个工作日内，建设单位应将验收材料报集团公司综合管理部备案。

由国家档案局委托组织的项目档案验收材料，包括工作中的主要经验、典型事例、存在问题、问题整改情况等，在通过验收的15个工作日内报集团公司综合管理部。

项目档案专业验收意见可参照如下示例：

××项目档案专业验收意见

受国家档案局委托，中国石化集团有限公司综合管理部会同××市委办（市档案局）组织档案专业验收工作组（以下简称验收组），于2023年6月6日至7日，对××项目档案进行了专项验收。依据《中国石化建设项目档案验收细则》，验收组听取了项目工程建设及档案管理情况的汇报，并通过抽查档案实体和现场询问等方式，对项目档案管理体制以及项目档案完整性、系统性、准确性和安全保管情况等进行了检查。经验收组综合评议，形成验收意见如下：

一、组织机构健全、管理体系严密

××公司高度重视档案管理工作。项目建设初期成立了文档控制中心，建立了档案管理网络，档案管理组织体系健全。公司成立了档案工作领导小组，建立了由公司总经理分管、副总经理协管、办公室牵头负责的档案管理工作机制。项目档案工作管理制度健全，制定了《××公司档案管理细则》等7项管理制度，发布了《交工技术文件编制、验收、归档指南》等16项管理程序。

二、重视全过程控制，强化检查督导，确保档案质量

项目档案工作与项目建设同步开展，公司不定期聘请档案专家到项目进行指导培训，提升档案整编水平。文档控制中心全过程参与交工文件资料编制对接，不定期对现场施工单位进行指导、检查。办公室提前介入，监督指导档案工作有序开展，确保项目从立项、开工、建设到专项竣工验收等环节档案受控，实现项目档案全过程管理。建立了联合审查机制，根据实际情况组织施工、监理、总包单位、质量监督、档案等部门对交工技术文件进行联合审查，保障各类文件积累齐全、分类准确、整理规范、归档齐全。

三、档案数量及验收结论

××项目形成档案54150卷，竣工图468219张，光盘246张，电子数据4849.5GB。电子文件目录及原文已全部挂接档案管理系统，可通过局域网提供方便快捷的利用服务。

　　验收组认为：该项目档案齐全完整，分类和组卷符合相关标准，签字盖章手续完备，检索目录齐全规范，卷内文件排序和档案移交手续符合规范要求，能够真实、全面、系统地反映项目建设全过程。经综合评议，验收得分90.5分。同意该项目通过档案专业验收。

　　希望××公司以本次项目档案验收为契机，做好后续项目竣工验收等文件材料的归档，进一步强化项目档案管理工作，更好地为企业生产经营提供服务。

　　附件：1. 验收组成员签字表

　　　　　2. 验收评分表

××项目档案专业验收组

组长：

日期：××××年××月××日

第八节 验收登记表

一、表样

中国石化建设项目档案验收登记表

编号： 档验字〔 〕 号

项目名称			
建设单位			
地 址		邮 编	
设计单位			
施工（总承包）单位			
监理单位			
质量监督单位			
项目档案总数	卷（册）	图 纸	张
档案移交单位			
组织单位			
验收组成员			
验收结论	验收组组长： 年 月 日		
审批意见	优秀□合格□ （盖章） 年 月 日		

二、填写要求

（1）编号：由验收组织单位按照本年度建设工程项目档案验收的排序编写，集团公司（含股份公司）验收的项目编号一般为：中国石化档验字〔20××〕××号。

（2）项目名称为该项目基础设计批复名称。

（3）设计单位、施工（总承包）单位、监理单位、质量监督单位一般要求填写完整全称，若项目参建单位较多、填写不全，则应填写主要参建单位，末尾加"等单位"。

（4）项目档案总数、图纸数量应与验收意见一致。

（5）档案移交单位应包括建设单位项目管理部门、主要设计单位、施工（总承包）单位、监理单位，若项目档案移交单位较多、填写不全，则应填写主要移交单位，末尾加"等单位"。

（6）组织单位：组织或受托组织本次项目档案验收的单位。若受托，应在组织单位后用小括号注明委托单位，如"（国家档案局委托）"或"（集团公司综合管理部委托）"。

（7）验收组成员：应按组长、组员顺序填写，一人一行，写明姓名、单位名称（全称或规范简称）、职务/职称。

（8）验收结论：一般可采用验收意见中验收结论的表述，至"同意该项目通过档案专业验收"止，组长要签字和填写日期。

（9）审批意见：由验收组织单位盖章签署日期，验收得分90分（含）以上的项目在"优秀"方框中画"√"，90分以下、75分以上的项目在"合格"方框中画"√"。

第九节 整改报告

一、验收合格项目

根据《中国石化建设项目档案验收细则》要求，验收合格的项目（包括集团公司综合管理部委托建设单位自验的项目），建设单位工程管理相关部门要按照验收组要求落实问题整改，形成整改报告，签章后交建设单位档案部门存档备查。

二、验收不合格项目

验收不合格的项目，由验收组提出整改意见和复验日期。建设单位工程管理相关部门要按照验收组要求抓紧落实问题整改，形成整改报告，并按期申请复验。复验仍不合格的，由档案验收组织单位向同级工程管理部门报告，建设单位应重新申请验收。

三、国家档案局委托组织的项目

1.预验收项目

国家档案局委托中国石化组织的档案预验收项目，建设单位工程管理相关部门按验收组要求落实并完成问题整改，形成整改报告，报集团公司综合管理部。

2.委托验收合格项目

由国家档案局委托中国石化组织的项目档案验收，建设单位工程管理相关部门应按要求在通过验收的15个工作日内，将包括工作中的主要经验、典型事例、存在问题、问题整改情况等内容的材料报集团公司综合管理部。

四、整改报告

整改报告一般应包括项目概况、档案检查（预）验收及整改落实情况、问题逐项整改关闭情况、结论等内容。问题整改要求举一反三，形成闭环管理。对个别确因历史因素等，无法整改的问题，应本着实事求是的原则写明情况，以备后查。

五、示例

×××项目档案专业预验收整改报告可参照如下示例：

×××项目档案专业预验收整改报告

一、建设项目概况

2010年4月，×××项目筹备组成立；2011年3月4日，国家发改委发文核准本项目；2012年2月，项目管理部成立；2012年5月，经中国石油化工集团有限公司批准，现场征地拆迁、场平、海域围堰吹填工作先期启动；2012年10月20日，中国石油化工股份有限公司下发《关于×××项目可行性研究报告的批复》（石化股份计〔2012〕×××号），项目可研获批；2013年7月16日，中国石油化工股份有限公司下发《关于×××项目可行性研究调整的批复》（石化股份计〔2013〕×××号），项目可研调整获批；2015年底，拆迁、场平及海域围堰吹填完工；2016年7月，中国石油化工集团有限公司党组决定在茂湛、镇海、上海、南京打造四个世界级一体化炼化基地，确定×××项目率先启动；2016年11月，为加强对项目建设过程的协调管理，中国石油化工集团有限公司决定组建×××项目管理组（IPMT），项目建设各项工作得以全面推进；2017年4月5日，中国石油化工股份有限公司下发《关于×××项目总体设计的批复》（石化股份计〔2017〕×××号），项目总体设计获批，批复概算×××亿元；其间，项目建设方案多次调整变化，2017年8月至2018年7月，×××项目基础设计陆续获得批复。

×××项目一期征地约×××公顷，其中，厂区×××公顷、码头用地×××公顷。项目主要以×××万吨/年常减压装置为龙头的×××套炼油工艺装置和×××万吨/年蒸汽裂解装置为龙头的×××套化工装置、公用工程及辅助设施和相应配套的原油、成品油及液体化工、煤、散货码头等组成。其中，码头工程（一期）已于2020年11月21日通过×××省交通运输厅组织的项目档案专业验收。

二、档案检查预验收及整改落实情况

（一）档案预验收情况

根据国家及中国石化建设项目档案管理的相关规定，中国石油化工集团有限公司综合管理部会同×××市委办（市档案局）组织档案专业预验收工作组（以下简称验收组），于

2023年3月8~9日，对×××项目竣工档案进行了专项验收。

验收组认为：×××项目档案符合齐全、完整、准确、系统的要求，同意通过项目档案专业预验收。

（二）项目档案预验收存在问题整改落实情况

此次档案专业预验收共查出6类文件存在18项问题，包括立项文件问题1项，设计文件问题2项，项目管理文件问题4项，施工文件及竣工文件问题9项，监理文件问题1项，生产准备及试生产文件问题1项。公司办公室积极制定整改方案，督促各单位限时完成整改。截至3月31日，已全部完成整改。整改完成情况具体如下表：

×××项目档案专业预验收问题整改落实情况一览表

序号	阶段名称	存在问题	整改责任单位	整改措施	整改完成时间	整改完成情况说明
1	01 立项文件	档号：**LH.S4.001001.01-5/6/17，可行性研究报告及炼油技术论证报告鉴章不齐	DCC	补齐签章	2023.3.31	签章已补齐
2	02 设计基础	档号：**LH.S4.001001.02-73/75/78/79/80，勘察报告鉴章不齐	DCC	举一反三，提高整编质量	2023.3.31	签章已补齐
3	03 设计文件	档号：**LH.S4.001022.03-1，第 1 件×××万吨/年蒸汽裂解基础设计相关附件未归档；审查意见未见有鉴到表	计划经营部	补充完善	2023.3.31	附件及鉴到表已补齐
4	04 项目管理文件	档号：**LH.S4.001001.04-983，国家安全生产总局关于×××项目职业病危害预评价报告的批复，未见请示	安全环保部、办公室	补充完善	2023.3.31	已补充请示文件
5	04 项目管理文件	档号：**LH.S4.001001.04-11，规划许可证	DCC	补充完善	2023.3.31	规划许可证已补齐
6	04 项目管理文件	档号：**LH.S4.001001.04-991，节能评估报告电子文件无公章	设备工程部	督促××院补盖章	2023.3.31	已上传盖有公章的电子文件
7	04 项目管理文件	缺项目筹备组 2013 年会议纪要	筹备组（办公室）	督促筹备组（办公室）补充完整	2023.3.31	项目筹备组 2013 年会议纪要已补齐
8	05 施工文件及竣工文件	全厂管控中心信息系统大屏资料不完整	电仪中心	补齐大屏资料	2023.3.31	大屏资料已补充归档，档号：**LH.S4.001085.07-17
9	05 施工文件及竣工文件	档号：**LH.S4.001003.05-1，交工技术文件移交证书建设单位未签字	DCC	核对补签	2023.3.31	建设单位鉴字已补签
10	05 施工文件及竣工文件	MTBE 装置项目单位工程划分表、分部、分项划分表未归档	设备工程部	督促××公司整改	2023.3.31	单位工程划分分表存于**LH.S4.001014.05-2卷，第118页至第125页

续表

序号	阶段名称	存在问题	整改责任单位	整改措施	整改完成时间	整改完成情况说明
11	05 施工文件及竣工文件	档号：**LH.S4.001002.05-482, A101 常减压装置竣工图中，安全设施设计专业设备材料规格表，缺少监理审核	设备工程部	督促××监理补签	2023.3.31	××监理已补签
12	05 施工文件及竣工文件	档号：**LH.S4.001014.05-8, MTBE 装置缺少工程联络单（19111-A11300-MEL-CC-FU-0011）	设备工程部	督促××公司整改	2023.3.31	××公司已整改
13	05 施工文件及竣工文件	×××万吨 EO/EG 装置竣工图卷无设计总结	设备工程部	督促××院整改	2023.3.31	设计总结已归档
14	05 施工文件及竣工文件	档号：**LH.S4.001026.05-1, EOEG 装置重大事故处理意见，意见栏空白	设备工程部	督促××院整改	2023.3.31	意见已补充
15	05 施工文件及竣工文件	档号：**LH.S4.001026.05-556, 石建监理 EOEG 装置竣工图章漏盖字	设备工程部	督促××院整改	2023.3.31	已完成补签
16	05 施工文件及竣工文件	档号：**LH.S4.001077.05-6, 动力站安装工程施工组织设计，缺质量管理部、控制管理部会签	设备工程部	督促××院整改	2023.3.31	质量管理部、控制管理部会签已补签
17	06 监理文件	档号：**LH.S4.001028.06-16, ×××万吨/年高密度聚乙烯装置旁站记录缺失，与监理日志对不上，人员资质少，设备吊装缺少人员报审日志。	设备工程部	督促××监理整改	2023.3.31	已督促××监理整改
18	08 生产准备及试生产文件	缺少试运行记录、培训材料、试生产总结、"三查四定"	生产技术部、各运行部	生产技术部督促各运行部补齐归档	2023.3.31	已补充无归档缺失文件

（三）完成情况实例图片

1.档号：**LH.S4.001001.0 1-5/6/17，可行性研究报告及炼油技术论证报告签章不齐。整改情况见下图：

（图略，其余17项问题逐项整改关闭情况的佐证图在此也不再列出。）

……

三、整改结论

目前，×××项目档案专业预验收存在的问题均已整改完成。

×××公司

××××年××月××日

附录 1　术语解释

下列术语适用于本指南。

1. 中国石化

中国石化是中国石油化工集团有限公司以及其控股的中国石油化工股份有限公司的统称。

2. 建设单位

建设单位是指根据中国石化总部授权发起建设工程项目的下属各企事业单位、分（子）公司或其他组织，也称业主。

3. 项目管理组织

由建设单位组建或经其上级部门批准的，为完成项目管理目标，负责对项目全过程进行策划、组织、实施、控制和协调的，具有明确责任、权限和相互关系的管理组织。该组织在中国石化通常被命名为项目管理部。

4. 承包商

承包商是指与建设单位签订工程承包合同并负责实施完成合同任务的当事人。其中，对勘察、设计、采购、施工、试运行（竣工验收）等实行全过程或其中两个以上环节实施承包的称为工程总承包商或工程总承包单位。对勘察、设计、施工单个环节进行承包的分别称为勘察单位、设计单位、施工承包商（或施工单位）。

5. 供应商

供应商是指与建设单位或总承包商签订合同并提供商品及相应服务的企业及其分支机构、个体工商户，包括制造商、经销商和其他中介商。

6. 监理单位

监理单位是指具有法人资格和建设部颁发的监理单位资质证书，并与建设单位签订工程监理合同，从事工程建设监理工作的机构。

7. 监造单位

监造单位是指具有相应资质和能力，受建设单位或工程总承包单位委托，按照设备供货合同的要求，坚持客观公正、诚信科学的原则，对建设工程项目所需设备在制造和生产过程中的工艺流程、制造质量及设备制造单位的质量体系以及制造进度等进行监督，并对委托人负责的机构。

8. 第三方检测单位

第三方检测单位是指经国家质量监督检验检疫总局核准，取得《特种设备检验检测机构核准证》，由建设单位或总承包单位委托，与施工承包商无任何利益关系，实施独立第三方无损检测的服务商。

9. 质量监督单位

质量监督单位是指代表行政主体，对建设工程项目进行监督检查的机构，中国石化石油化工建设工程项目由石油化工质量监督总站及其分支机构进行质量监督。

10. 项目类别

依据《中国石化投资管理办法》，对投资项目按照行业或业务领域细化专业分类，根据各专业投资项目的业务特点和投资金额大小，分别划分为一、二、三类项目。投资项目类别划分依据《中国石化投资管理办法》附件《投资项目决策审批权限表》。

11. 重点项目

依据《中国石化投资管理办法》，如无特别说明，重点项目是指总投资或权益投资在50亿元及以上的项目。

12. 建设工程项目

建筑、安装等形成固定资产的活动中，按照一个总体设计进行施工，独立组成的，在经济上统一核算、行政上有独立组织形式、实行统一管理的单位。

13. 单项工程

建设工程项目中具有独立设计、可独立施工、建成后可独立投入生产运行并产出合格产品的生产装置或有独立使用功能的辅助生产设施。

14. 单位工程

具有独立设计文件、可独立组织施工，但建成后不能独立发挥生产能力或工程效益的工程。

15. 分部工程

单位工程中按工程的部位、结构形式等的不同而划分的工程。

16. 工程中间交接

石油化工建设项目按设计文件内容施工结束由单机试车转为联动试车前或按合同要求

施工结束，承包单位向建设单位办理工程保管及使用责任移交的程序。

17. 交工验收

建设工程项目投料试车生产处合格产品或具备使用条件后，建设单位组织监理、工程承包单位及相关单位按工程合同规定对交付工程的验收。

18. 竣工验收

建设项目完成交工验收、专项验收、生产考核、竣工决算审计、档案验收，项目批准部门或其授权单位组织项目有关单位和部门进行工程验收，验收合格并签署"竣工验收证书"的过程。

19. 前期文件

项目在筹备、立项、招标投标、合同协议、勘察设计、征地拆迁、移民安置及工程准备过程中形成的文件。

20. 施工文件

项目施工过程中形成的反映项目建筑、安装情况的文件。

21. 竣工图

工程竣工后真实反映工程施工结果的图样。

22. 监理文件

工程监理单位在履行建设工程监理合同过程中形成或获取的，以一定形式记录、保存的文件。

23. 设备监造文件

项目监理机构依据建设工程监理合同和设备订货合同对设备制造过程进行监督检查活动所形成或获取的，以一定形式记录、保存的文件。

24. 项目声像文件

记录工程项目建设活动，具有保存价值的，用照片、影片、录音带、录像带、光盘、硬盘等记载的声音、图片和影像等历史记录。

25. 竣工验收文件

项目竣工验收过程中形成的文件。

26. 项目电子文件

在数字设备及环境中生成，以数码形式存储于磁带、磁盘或光盘等载体中，依赖计算机等数字设备阅读、处理，记录和反映项目建设和管理各项活动的文件。

27. 项目电子档案

项目建设过程中产生的、具有保存价值并归档保存的一组有联系的电子文件及其相关过程信息的集合。

28. 建设项目档案

经过鉴定、整理并归档的建设项目在立项审批、土地征迁、招投标、勘察、设计、采购、施工、检测、监理、试生产及竣工验收等全过程中形成的文字、图表、声像、实物等不同载体形式的文件材料。

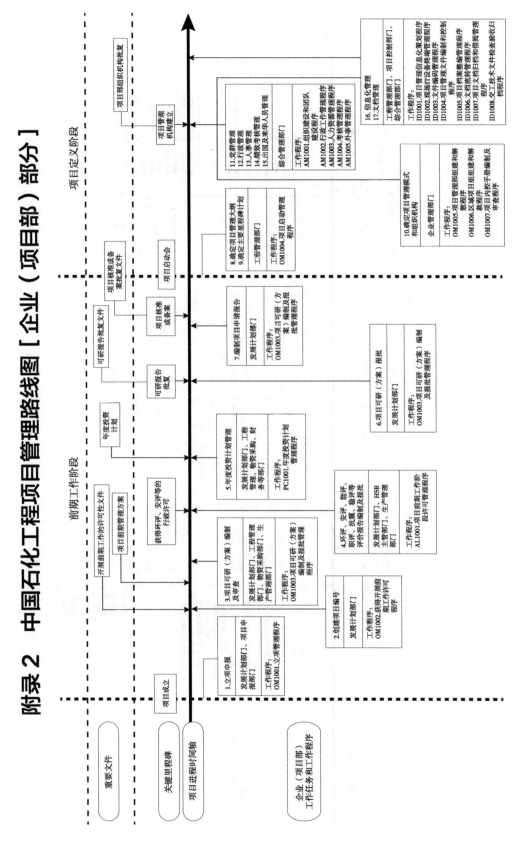

附录 2　中国石化工程项目管理路线图 [企业（项目部）部分]

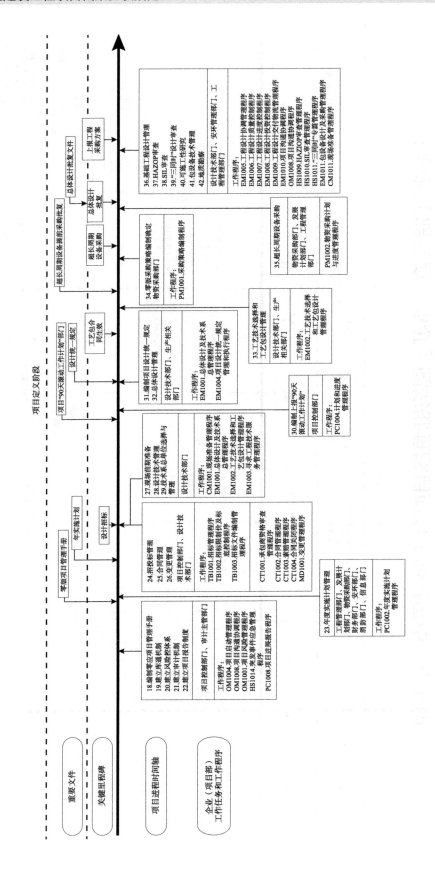

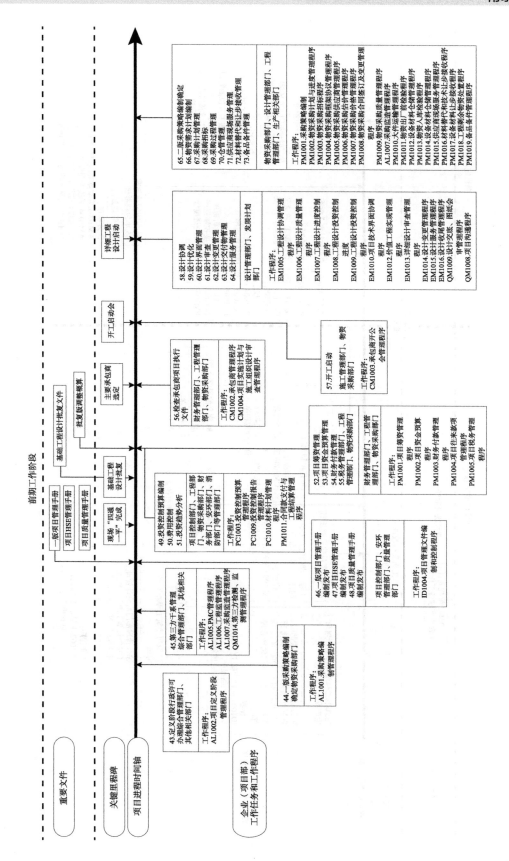

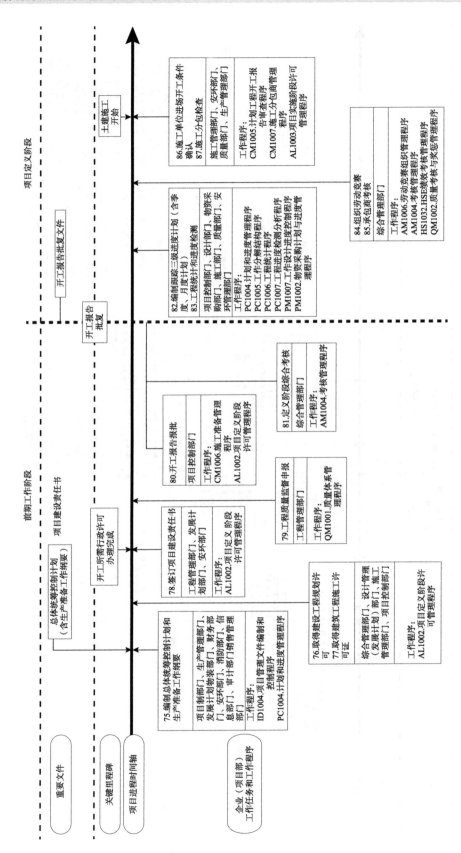

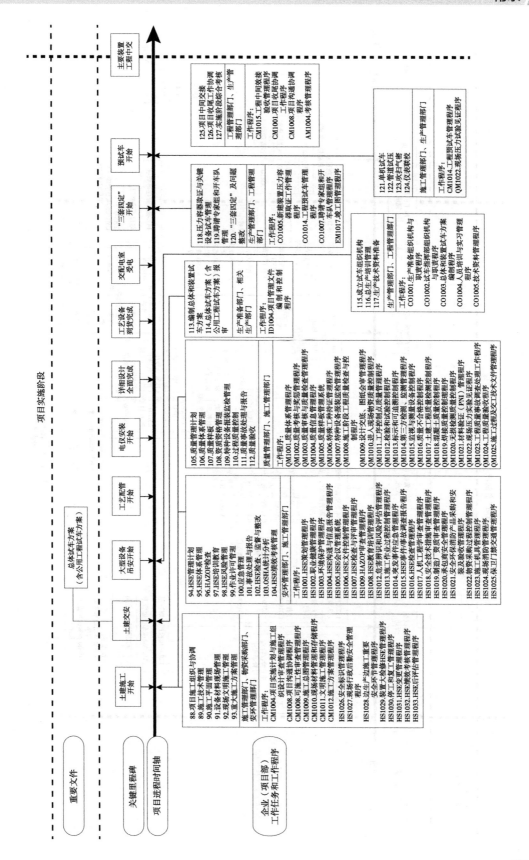

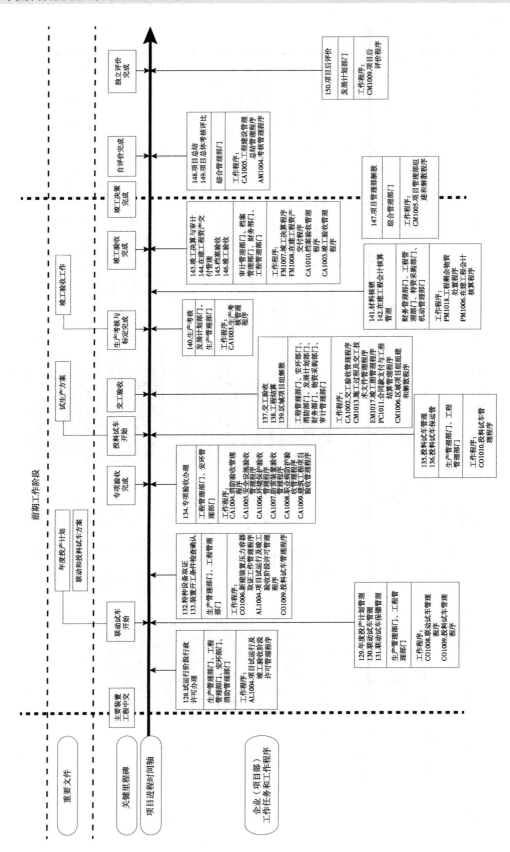

附录 3　通用标准规范

1.GB/T 50252—2018《工业安装工程施工质量验收统一标准》

2.GB 50300—2013《建筑工程施工质量验收统一标准》

3.GB/T 50319—2013《建设工程监理规范》

4.GB/T 50328—2014《建设工程文件归档规范（2019版）》

5.DA/T 28—2018《建设项目档案管理规范》

6.SH/T 3903—2017《石油化工建设工程项目监理规范》

7.Q/SH 0249—2009《油气田地面建设工程项目竣工资料和交工技术文件编制规定》

8.Q/SH 0704—2016《建设工程项目档案管理规范》

9.SY/T 6882—2012《石油天然气建设工程交工技术文件编制规范》

附录4 石油天然气工程相关标准

1.GB 50369—2014《油气长输管道工程施工及验收规范》

2.GB 50996—2014《地下水封石洞油库施工及验收规范》

3.GB 51201—2016《沉管法隧道施工与质量验收规范》

4.GB 51227—2017《立井钻井法施工及验收规范》

5.GB/T 51317—2019《石油天然气工程施工质量验收统一标准》

6.SH/T 3528—2014《石油化工钢质储罐地基与基础施工及验收规范》

7.SY/T 4116—2016《石油天然气建设工程监理规范》

8.SY 4200—2007《石油天然气建设工程施工质量验收规范 通则》

9.SY 4201.1—2019《石油天然气建设工程施工质量验收规范 设备安装工程 第1部分：机泵类》

10.SY 4201.2—2019《石油天然气建设工程施工质量验收规范 设备安装工程 第2部分：塔类》

11.SY 4201.3—2019《石油天然气建设工程施工质量验收规范 设备安装工程 第3部分：容器类》

12.SY 4201.4—2019《石油天然气建设工程施工质量验收规范 设备安装工程 第4部分：炉类》

13.SY 4202—2019《石油天然气建设工程施工质量验收规范 储罐工程》

14.SY 4203—2019《石油天然气建设工程施工质量验收规范 站内工艺管道工程》

15.SY 4204—2019《石油天然气建设工程施工质量验收规范 油气田集输管道工程》

16.SY 4205—2019《石油天然气建设工程施工质量验收规范 自动化仪表工程》

17.SY 4206—2019《石油天然气建设工程施工质量验收规范 电气工程》

18.SY 4207—2007《石油天然气建设工程施工质量验收规范 管道穿跨越工程》

19.SY/T 4208—2016《石油天然气建设工程施工质量验收规范 长输管道线路工程》

20.SY/T 4209—2016《石油天然气建设工程施工质量验收规范 天然气净化厂建设工程》

21.SY/T 4210—2017《石油天然气建设工程施工质量验收规范 道路工程》

22.SY/T 4211—2019《石油天然气建设工程施工质量验收规范 桥梁工程》

23.SY/T 4212—2017《石油天然气建设工程施工质量验收规范　高含硫化氢气田集输场站工程》

24.SY/T 4213—2017《石油天然气建设工程施工质量验收规范　高含硫化氢气田集输管道工程》

25.SY/T 4214—2017《石油天然气建设工程施工质量验收规范　油气田非金属管道工程》

26.SY/T 4215—2016《石油天然气建设工程施工质量验收规范　油气管道地质灾害治理工程》

27.SY/T 4216.1—2017《石油天然气建设工程施工质量验收规范　油气输送管道穿越工程　第1部分：水平定向站穿越》

28.SY/T 4216.2—2017《石油天然气建设工程施工质量验收规范　油气输送管道穿越工程　第2部分：钻爆隧道穿越》

关注"易牒"公众号
扫码查看标准详情

附录5 炼化、煤化工工程相关标准

1.SH/T 3503—2017《石油化工建设工程项目交工技术文件规定》

2.SH/T 3508—2011《石油化工安装工程施工质量验收统一标准》

3.SH/T 3543—2017《石油化工建设工程项目施工过程技术文件规定》

4.SH/T 3550—2012《石油化工建设工程项目施工技术文件编制规范》

5.SH/T 3903—2017《石油化工建设工程项目监理规范》

6.SH/T 3904—2014《石油化工建设工程项目竣工验收规定》

附录6 新能源项目相关标准

1.GB/T 50796—2012《光伏发电工程验收规范》

2.GB/T 51121—2015《风力发电工程施工与验收规范》

3.GB 50242—2002《建筑给水排水及采暖工程施工质量验收规范》

4.CJJ 28—2014《城镇供热管网工程施工及验收规范》

5.NB/T 31084—2016《风力发电工程建设施工监理规范》

6.NB/T 31021—2012《风力发电企业科技文件归档与整理规范》

附录7 交通工程相关标准

1.CJJ 1—2008《城镇道路工程施工与质量验收规范》

2.JTG G10—2016《公路工程施工监理规范》

3.JTS 125-1—2021《港口工程竣工验收规程》

4.JTS 133-1—2010《港口岩土工程勘察规范》

5.JTS 201—2011《水运工程施工通则》

6.JTS 252—2015《水运工程施工监理规范》

7.JTS 257—2008《水运工程质量检验标准》

8.TB 10402—2007《铁路建设工程监理规范》

9.TB 10443—2010《铁路建设项目资料管理规程》

10.NB/T 10076—2018《水电工程项目档案验收工作导则》

附录8　电力工程相关标准

1.GB 50169—2016《电气装置安装工程　接地装置施工及验收规范》

2.GB 50173—2014《电气装置安装工程66kV及以下架空电力线路施工及验收规范》

3.DL/T 5161.1—2018《电气装置安装工程质量验收及评价规程　第1部分：通则》

4.DL/T 5210.1—2021《电力建设施工质量验收及评价规程　第1部分：土建工程》

5.DL/T 5210.2—2018《电力建设施工质量验收规程　第2部分：锅炉机组》

6.DL/T 5210.3—2018《电力建设施工质量验收规程　第3部分：汽轮发电机组》

7.DL/T 5210.4—2018《电力建设施工质量验收规程　第4部分：热工仪表及控制装置》

8.DL/T 5434—2009《电力建设工程监理规范》

附录9 特种设备安全技术管理相关标准

1.GB 150.1~150.4—2011《压力容器》

2.GB/T 20801.1—2020《压力管道规范 工业管道 第1部分：总则》

3.TSG 08—2017《特种设备使用管理规则》

4.TSG 21—2016《固定式压力容器安全技术监察规程》

5.TSG D7003—2022《压力管道定期检验规则 长输管道》

6.TSG D7004—2010《压力管道定期检验规则 公用管道》

7.TSG G0001—2012《〈锅炉安全技术监察规程〉释义》

8.TSG Q7015—2016《起重机械定期检验规则》

9.TSG T7003—2011《电梯监督检验和定期检验规则 防爆电梯》

10.TSG R0004—2009《固定式压力容器安全技术监察规程》

11.DL/T 612—2017《电力行业锅炉压力容器安全监督规程》

参考文献

［1］中国石化法律部.大型石油化工项目建设行政许可办理业务指南［M］.北京：中国石化出版社，
　　2019.

［2］中国石化档案管理实务手册［M］.北京：中国石化出版社，2021.

［3］GB/T 11822《科学技术档案案卷构成的一般要求》

［4］GB/T 18894《电子文件归档与电子档案管理规范》

［5］GB/T 50319《建设工程监理规范》

［6］GB 50300《建筑工程施工质量验收统一标准》

［7］GB/T 50328《建设工程文件归档规范（2019年版）》

［8］GB/T 9704《党政机关公文格式》

［9］GB/T 14689《技术制图　图纸幅面和格式》

［10］GB/T 10609.3《技术制图　复制图的折叠方法》

［11］DA/T 6《档案装具》

［12］DA/T 7《直列式档案密集架》

［13］DA/T 28《建设项目档案管理规范》

［14］DA/T 31《纸质档案数字化规范》

［15］DA/T 32《公务电子邮件归档管理规则》

［16］DA/T 38《档案级可录类光盘CD-R、DVD-R、DVD+R 技术要求和应用规范》

［17］DA/T 50《数码照片归档与管理规范》

［18］DA/T 52《档案数字化光盘标识规范》

［19］DA/T 54《照片类电子档案元数据方案》

［20］DA/T 62《录音录像档案数字化规范》

［21］DA/T 63《录音录像类电子档案元数据方案》

［22］DA/T 75《档案数据硬磁盘离线存储管理规范》

［23］DA/T 78《录音录像档案管理规范》

［24］SH/T 3503《石油化工建设工程项目交工技术文件规定》

［25］SH/T 3508《石油化工安装工程施工质量验收统一标准》

［26］SH/T 3543《石油化工建设工程项目施工过程技术文件规定》

［27］SH/T 3903《石油化工建设工程项目监理规范》

［28］SH/T 3904《石油化工建设工程项目竣工验收规定》

［29］SY/T 6882《石油天然气建设工程交工技术文件编制规范》

［30］JGJ 25《档案馆建筑设计规范》

［31］《建标 103 档案馆建设标准》

［32］SHSG–046—2005《工程设计文件签署规定》

［33］TSG 11《锅炉安全技术规程》

［34］TSG 21《固定式压力容器安全技术监察规程》

［35］TSG 51《起重机械安全技术规程》

［36］TSG R0005《移动式压力容器安全技术监察规程》

［37］Q/SH 0704—2016《建设工程项目档案管理规范》

［38］《机关档案管理规定》（国家档案局第13号令）

［39］《重大建设项目档案验收办法》

［40］《建设项目环境保护条例》

［41］《建设项目职业病防护设施"三同时"监督管理办法》

［42］《建设工程消防监督管理规定》

［43］《危险化学品建设项目安全监督管理办法》

［44］《雷电防护装置设计审核和竣工验收规定》

［45］《中国石化投资管理办法》

［46］《中国石化工程建设项目竣工验收管理办法》

［47］《中国石化建设项目档案验收细则》

［48］《中国石化电子档案管理规定》

［49］《中国石化建设项目实施管理规定》

［50］《中国石化工程建设项目和生产准备与试车管理规定》